Forschungshefte aus dem

Gebiete des Stahlbaues

Herausgegeben vom

Deutschen Stahlbau-Verband, Berlin, im NS.-Bund Deutscher Technik

Schriftleitung: Professor Dr.-Ing. K. Klöppel, Technische Hochschule, Darmstadt

Heft 5

Erster Teil

Nebeneinflüsse bei der Berechnung von Hängebrücken nach der Theorie II. Ordnung

Zweiter Teil

Modellversuche. Allgemeine Grundlagen und Anwendung

Von

o. Prof. Dr.-Ing. **K. Klöppel** und Dr.-Ing **K. H. Lie**

Darmstadt Darmstadt

Mit 32 Textabbildungen

Springer-Verlag Berlin Heidelberg GmbH

1942

ISBN 978-3-662-34245-9 ISBN 978-3-662-34516-0 (eBook)
DOI 10.1007/978-3-662-34516-0

Ursprünglich erschienen bei Springer-Verlag O. H. G in Berlin in 1942.

Vorwort.

Die Berechnung größerer Hängebrücken ergibt bekanntlich nur dann ein ausreichend wirklichkeitsgetreues Kräftespiel und eine wirtschaftliche Bemessung, wenn — in Abweichung von den allgemeinen Regeln der Baustatik, aber in Übereinstimmung mit der Behandlung von Stabilitätsaufgaben — die Systemverformungen in den Gleichgewichtsbedingungen berücksichtigt werden (Theorie II. Ordnung oder Verformungstheorie). Um die mathematischen Schwierigkeiten und die Rechenarbeit zu beschränken, werden von den Systemverformungen nur die lotrechten Verschiebungen des Versteifungsträgers infolge Biegebeanspruchung und die (bei starren Hängern) gleichgroßen der Hängegurte in das Kräftespiel einbezogen. Die Einflüsse der anderen Verformungen, wie z. B. der waagerechten Verschiebungen des Hängegurtes, bleiben also bei der üblichen Theorie II. Ordnung unbeachtet. Im Zusammenhang mit dem Bau und dem Entwurf neuerer Hängebrücken größerer Abmessungen war es nun geboten, die Auswirkungen der übrigen Systemverformungen auf das Kräftespiel umfassend zu untersuchen. Diesen Zweck verfolgt der erste Teil der vorliegenden Arbeit. Die Nebeneinflüsse sind getrennt untersucht, um einerseits die Ungenauigkeit der Berechnung nach der üblichen Theorie II. Ordnung festzustellen und andererseits die Wege zu deren Verbesserung zu zeigen, falls überhaupt die Verminderung des Baustoffaufwandes diese zusätzliche umfangreiche Rechenarbeit rechtfertigt.

Der zweite Teil beschäftigt sich mit den Hängebrückenmodellen. Es werden zunächst die Ähnlichkeitsregeln der statischen Modelle näher behandelt. Auf Grund der abgeleiteten Modellregeln und der theoretischen Untersuchungen im ersten Teil wird das bisher übliche Hängebrückenmodell erörtert, um seine Leistungsfähigkeit und die Versuchsergebnisse richtig beurteilen zu können. Es bestätigt sich auch hier, daß die theoretische Lösung der Aufgabe für den Bau des Modelles und die Durchführung der Versuche richtungsgebend sowie für die Auswertung der Versuchsergebnisse unentbehrlich ist. Der Modellversuch dient mithin nur als ein der Berechnung untergeordnetes Hilfsmittel, vermag aber die Theorie nicht zu ersetzen. Im Anschluß an diese Betrachtung wird das „vereinfachte Hängebrücken-Modell" (DRP.a.) behandelt, das wesentlich einfacher herzustellen und anzuwenden ist als das übliche Hängebrückenmodell und diesen an Leistungsfähigkeit nicht nur nicht nachsteht, sondern für die Ermittlung beschränkter Einflußlinien sogar besser geeignet ist. Ein solches einfaches Modell empfiehlt sich für den Gebrauch in den statischen Büros zur Erleichterung oder Kontrolle der Berechnung, insbesondere dann, wenn beim Vorentwurf einer Hängebrücke Bauart und Systemabmessungen zum Vergleich variiert werden.

Die mitgeteilten Abhandlungen sind Antworten auf Fragen, die die Praxis in neuerer Zeit gestellt hat. Ein Teil der vorliegenden Untersuchungen entstand im Rahmen der laufenden Arbeiten für den Herrn Generalinspektor für das deutsche Straßenwesen, Brückenamt Hamburg, wofür auch die behandelten Modelle hergestellt worden sind und das „vereinfachte Hängebrücken-Modell" entwickelt wurde. Wir hoffen daher, mit der vorliegenden Arbeit zur Klärung aktueller theoretischer Einzelfragen und damit zur praktischen Förderung des Hängebrückenbaues beigetragen zu haben.

Darmstadt, Oktober 1941.

K. Klöppel und K. H. Lie.

Inhaltsverzeichnis.

Erster Teil:

Nebeneinflüsse bei der Berechnung von Hängebrücken nach Theorie II. Ordnung.

Zweiter Teil:

Statische Modellversuche.

Erster Teil:

Untersuchung über die in der üblichen Theorie II. Ordnung vernachlässigten Einflüsse.

I. Die übliche Theorie II. Ordnung und ihre vereinfachenden Annahmen.

Wir wollen zunächst kurz einen Überblick über die übliche Theorie II. Ordnung der im Boden verankerten Hängebrücken und ihre vereinfachenden Annahmen geben und dann die Auswirkung der gemachten Annahmen getrennt untersuchen. Der üblichen Theorie II. Ordnung liegen die folgenden Annahmen[1] zugrunde

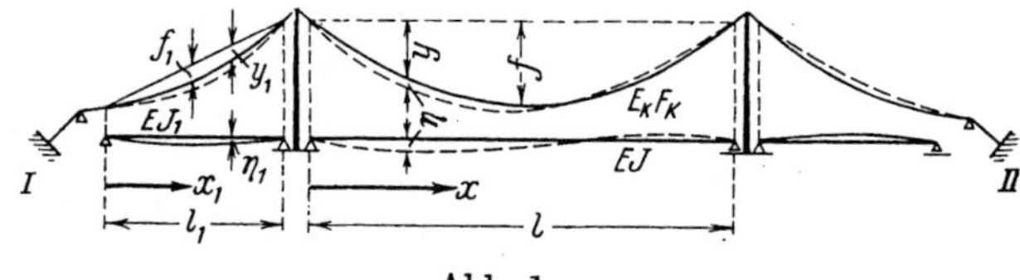

Abb. 1.

1. Die ständige Last g der Brücke wird allein von Hängegurten aufgenommen. Das ist keine notwendige Annahme, aber die Hängebrücken werden so montiert. Trifft dies für einen Teil von g nicht zu, so wird dieser Teil der ständigen Last zur Verkehrslast p zugezählt. Diese Annahme bedarf also keiner weiteren Erörterung.

2. Der Hängegurt nimmt unter der Belastung von g die Form einer quadratischen Parabel an. Diese Voraussetzung ist streng genau, wenn die ständige Last gleichmäßig über die horizontale Strecke verteilt ist. Dies ist aber in Wirklichkeit nicht ganz der Fall.

3. Die Längenänderungen der Hänger infolge der Temperaturänderung und der Beanspruchung durch die Verkehrslast werden vernachlässigt.

4. Die infolge der unterschiedlichen horizontalen Verschiebung des Hängegurtes und des Trägers entstandene Schrägstellung der Hänger wird nicht berücksichtigt.

5. Die Hängegurte sind auf den waagerechten Sattellagern der starren Pylonen reibungslos gelagert.

Das sind zunächst die fünf Voraussetzungen, die der Theorie II. Ordnung zugrunde liegen. Aus der Annahme 2 ergibt sich die horizontale Komponente der Kabelzugkraft H_g infolge der ständigen Last g bei Montagetemperatur zu (Abb. 1)

$$\left.\begin{aligned} H_g &= -g/y'' = \frac{g\,l^2}{8f}, \\ H_{g1} &= -g_1/y_1'' = \frac{g_1\,l_1^2}{8f_1}. \end{aligned}\right\} \qquad (1)$$

Aus den Annahmen 4 und 5 folgt, daß H_g und die Änderung der horizontalen Komponente der Kabelzugkraft infolge der Verkehrslast und der Temperaturänderung H_p in allen Öffnungen gleich sind. Es besteht somit aus Gl. (1) die Beziehung zwischen den Krümmungsradien

$$\lambda_1 = \frac{\varrho}{\varrho_1} = \frac{g_1}{g}, \qquad (2)$$

worin

$$\left.\begin{aligned} \varrho &= -1/y'' = \frac{l^2}{8f} \\ \text{und} \quad \varrho_1 &= -1/y_1'' = \frac{l_1^2}{8f_1} \end{aligned}\right\} \qquad (3)$$

[1] Auf die Vereinfachung, daß man das räumliche Tragwerk als ebene Systeme behandelt, wollen wir in dieser Arbeit nicht eingehen.

bezeichnen. Schließlich erhält man aus den Annahmen 3 und 4, daß die Durchsenkungen der übereinander liegenden Punkte des Hängegurtes η_k und des Trägers η_b gleich sind, also $\eta_k = \eta_b = \eta$. Unter einer weiteren Voraussetzung,

6. daß die Verformung des Trägers infolge der Schubbeanspruchung vernachlässigt wird, was in Anbetracht der im Vergleich zu dem einfachen Vollwandträger kleineren Schubbeanspruchung des Versteifungsträgers bei diesem erst recht verantwortet werden kann, erhält man den auf den Träger wirkenden Anteil der Verkehrslast zu

$$(EJ\eta'')'' = p_b.$$

Addiert man hierzu die vom Hängegurt aufgenommene Last

$$-(H_g + H_p)(y'' + \eta'') = g + p - p_b,$$

so ergibt sich unter Beachtung der Gl. (1) und mit der Bezeichnung $H = H_g + H_p$ die erste Grundgleichung der üblichen Theorie II. Ordnung zu

$$(EJ\eta'')'' = p + y'' H_p + H\eta''. \tag{4}$$

Die Gleichung für die Seitenöffnungen erhält man unmittelbar, indem man alle Größen in vorhergehender Gleichung außer H und E mit dem Index 1 versieht. Falls der Versteifungsträger in den Seitenöffnungen nicht am Kabel aufgehängt ist, so gilt hierfür die einfachere Gleichung

$$(EJ_1\eta_1'')'' = p. \tag{4'}$$

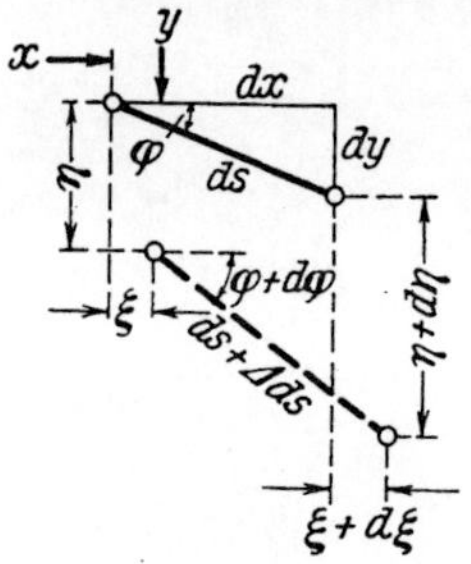

Die zweite Grundgleichung ist die Bestimmungsgleichung für H_p, die im folgenden abgeleitet wird. Abb. 2 stellt die waagerechten und lotrechten Verschiebungen ξ und η eines Elementes des Kabels dar. Es bestehen folgende Beziehungen

$$ds^2 = dx^2 + dy^2$$
$$(ds + \Delta\, ds)^2 = (dx + d\xi)^2 + (dy + d\eta)^2.$$

Abb. 2.

Subtrahiert man die erste Gl. von der zweiten, so ergibt sich

$$2\,ds\,\Delta\, ds + \Delta\, ds^2 = 2\,dx\,d\xi + d\,\xi^2 + 2\,dy\,d\eta + d\eta^2. \tag{5}$$

Macht man eine weitere vereinfachende Annahme,

7. daß die drei quadratischen Glieder in dieser Gl. im Vergleich zu den übrigen als kleine Größen höherer Ordnung angesehen und vernachlässigt werden, so ergibt sich der Ausdruck

$$d\xi = \frac{ds}{dx}\Delta\, ds - \frac{dy}{dx}d\eta. \tag{6}$$

Die Längenänderung des Elementes ds infolge der Änderung der Längskraft im Hängegurt und die Temperaturschwankung t lautet

$$\Delta\, ds = \frac{S_p}{E_k F_k} ds \pm \alpha_t t\, ds, \tag{7}$$

worin die Kraft

$$S_p = \frac{H}{\cos(\varphi + \Delta\varphi)} - \frac{H_g}{\cos\varphi} \tag{8}$$

beträgt. Nun treffen wir wiederum eine vereinfachende Annahme,

8. daß $\cos(\varphi + \Delta\varphi)$ näherungsweise gleich $\cos\varphi$ gesetzt wird, so daß

$$S_p = \frac{H_p}{\cos\varphi} \tag{8'}$$

ist. Die Einführung dieser Gl. in Gl. (7) und diese in Gl. (6) liefert dann

$$d\xi = \frac{H_p\,dx}{E_k F_k \cos^3\varphi} \pm \frac{\alpha_t t\,dx}{\cos^2\varphi} - y'\,d\eta$$

und

$$\xi_x = \int_I^x d\xi. \tag{9}$$

Aus der Bedingung, daß die beiden Verankerungen I und II des Hängegurtes unverschieblich sind, folgt die zweite Grundgleichung

$$H_p \frac{L}{E_k F_k^0} \pm \alpha_t t L_t + \sum y'' \int_0^l \eta\, dx = 0, \tag{10}$$

worin sich das letzte Glied, das sich über alle am Kabel aufgehängten Träger erstreckt, durch Teilintegration von $\int_0^l y' d\eta$ ergibt, weil $y' \int_0^l d\eta$ bei unnachgiebigen Auflagern des Trägers stets gleich Null ist. Ferner bedeuten die Abkürzungen

$$L = \int_I^{II} \frac{F_k^0\, dx}{F_k \cos^3 \varphi} \tag{11a}$$

$$L_t = \int_I^{II} \frac{dx}{\cos^2 \varphi}, \tag{11b}$$

worin F_k^0 einen beliebigen Vergleichsquerschnitt bezeichnet.

Nachdem wir die beiden Grundgleichungen abgeleitet und dabei die vereinfachenden Annahmen aufgezählt haben, soll noch kurz gezeigt werden, wie man mit den beiden Gleichungen weiter vorgeht, weil wir später dies als bekannt voraussetzen müssen.

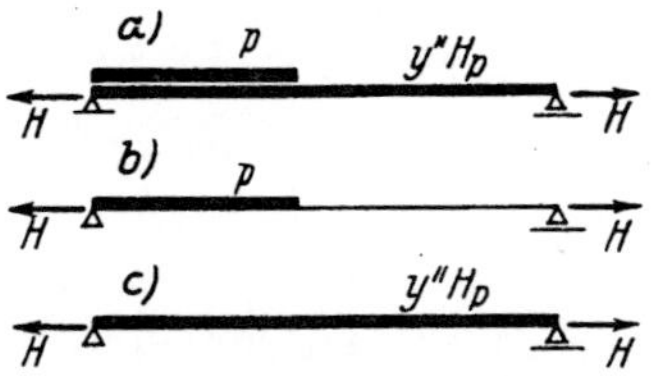

Abb. 3.

Wir betrachten zunächst die Gleichung (4) der Biegelinie des Versteifungsträgers. Diese Gl. kann man auch erhalten, wenn man sich das Kabel beseitigt denkt, und den freien Versteifungsträger durch die Querlast $p + y'' H_p$ und gleichzeitig durch eine Zugkraft $H = H_g + H_p$ belastet denkt, die jeweils mit dem Hebelarm η am Versteifungsträger angreift [1]. Die Belastung eines solchen Trägers kann man ohne weiteres in verschiedene Teilzustände zerlegen, wenn dabei H konstant bleibt. Es gilt z. B. in Abb. 3

$$\left.\begin{aligned} \eta_a &= \eta_b + \eta_c \\ M_a &= M_b + M_c \\ Q_a &= Q_b + Q_c \end{aligned}\right\} \tag{12a}$$

und in Abb. 4

$$\left.\begin{aligned} \eta_a &= \eta_b + \eta_c + \eta_d \\ M_a &= M_b + M_c + M_d \\ Q_a &= Q_b + Q_c + Q_d. \end{aligned}\right\} \tag{12b}$$

Aus der Bestimmungsgleichung (10) für H_p ersehen wir ferner, daß H_p außer von den festen Größen des Systems nur noch von dem unbekannten Ausdruck $\int_0^l \eta\, dx$, welcher den Einfluß der Verkehrslast umfaßt, abhängig ist. Das Integral stellt eine anschauliche Größe dar, nämlich die Fläche der Biegelinie des Versteifungsträgers F_η. Diesen Wert kann man aber ohne weiteres auch am gedachten Träger bestimmen. Damit läßt sich die Hängebrücke hinsichtlich der statischen Untersuchung vollkommen auf einen dem Versteifungsträger entsprechenden „stellvertretenden" Träger zurückführen.

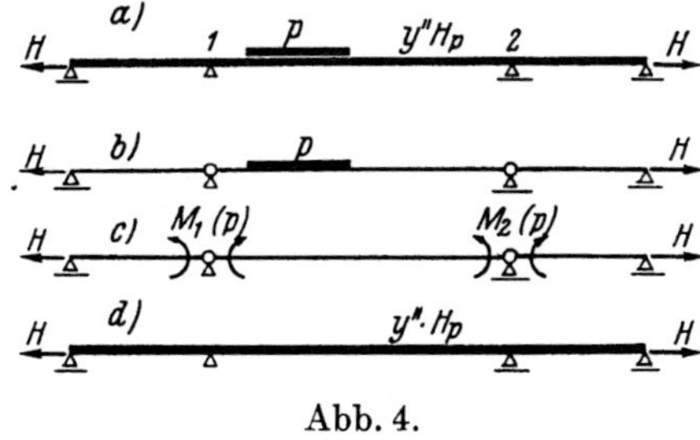

Abb. 4.

Auf die praktische Berechnung solcher Träger, die sich tabellarisch weitgehend erfassen läßt [2], wollen wir hier nicht eingehen und möchten auf das einschlägige Schrifttum [2-4] verweisen.

[1] Zu beachten ist, daß $y''H$ und H nur auf den am Kabel aufgehängten Teil des Versteifungsträgers wirken, weil für die nicht aufgehängten Teile die Gleichung (4)' gilt.

[2] K. H. Lie, Praktische Berechnung von Hängebrücken nach der Theorie II. Ordnung. Diss. T. H. Darmstadt, 1940. Auszug im Stahlbau, 1941, Heft 14/15 und 16/18 (im folgenden mit L zitiert).

[3] F. Stüssi: Zur Berechnung der verankerten Hängebrücken. Abh. I. V. B. H., Bd. 4, Zürich 1936.

[4] Durchgehende Balken mit beliebig vielen Öffnungen, bei Beanspruchung durch längs- und querwirkende Kräfte. Eisenbau, 1919, Seite 93.

An dieser Stelle möge nur noch der Begriff der „beschränkten Einflußlinie“ kurz erläutert werden. In der Theorie I. Ordnung oder der Näherungstheorie der Hängebrücke gelangt man durch die Vernachlässigung der Systemverformungen im Kräftespiel zu der Gl.

$$(EJ\eta'')'' = p + y'' H_p .$$

Demnach gilt auch hier der stellvertretende Träger nach Abb. 3 oder 4 mit dem Unterschied, daß in diesem Fall $H = 0$ ist. Es lassen sich bekanntlich in der Theorie I. Ordnung die Einflußlinien für die Formänderungs- und Schnittgrößen des Versteifungsträgers aus zwei Teilen, nämlich aus der Linie des von Kabel losgelösten Trägers plus der mit einem Faktor multiplizierten H_p =Linie, zusammensetzen. Dementsprechend kann man in der Theorie II. Ordnung auch so vorgehen, nur muß man jeweils noch den Axialzug H berücksichtigen. Hieraus folgt, daß die Einflußlinie auch nur bei jenem Verkehrslastzustand p einen streng richtigen Wert liefert, wo $H_p + H_g = \mathrm{H}$ gerade so groß ist wie das vorher zugrundegelegte. Die Gültigkeit dieser Einflußlinie ist also beschränkt, und sie wird deshalb als „b e s c h r ä n k t e E i n f l u ß l i n i e“ bezeichnet. Da die Einflußlinie nicht für jeden Lastzustand p gültig ist, konstruiert man im allgemeinen unter Zugrundelegung von $H_I = H_g$, $H_{II} = H_g + \frac{1}{2} \max H_p$ oder $H_{III} = H_g + \max H_p$ zwei oder drei beschränkte Einflußlinien für die gesuchte Größe und für die Größe H_p. Aus der Auswertung der Einflußlinien wird dann durch Interpolation die gesuchte Größe ermittelt. Soll nur die ungünstigste Laststellung festgestellt werden, so genügt es im allgemeinen, die beschränkte Einflußlinien mit $H = H_g$ zu konstruieren (s. später).

Die Berechnung des stellvertretenden Trägers setzt H_p und $H = H_g + H_p$ als bekannt voraus. Zur Bestimmung von H_p dient Gl. (10). Sie läßt sich für einzelne Hängebrückensysteme in eine für den praktischen Gebrauch zweckmäßigere Gleichung weiter entwickeln [L]. Man multipliziere zunächst die Gl. mit ϱ, um y'' von F_η zu entfernen, und mit H um die Ausdrücke der H-fachen Biegefläche[L] $HF_\eta\,(p)$ und $HF_\eta\,(y''H_p)$ unmittelbar anwenden zu können, weil in den Gln. von F_η die Größe H überall im Nenner auftritt. Dann wird der Ausdruck $HF_\eta\,(y''H_p)$ des betreffenden Trägers berechnet, in Gl. (10) eingesetzt und diese nach H_p aufgelöst. Es ergibt sich z. B. die Bestimmungsgleichung für die dreifeldrige symmetrische Hängebrücke mit einfeldrigen Versteifungsträgern von öffnungsweise konstantem J zu (vgl. Abb. 1)

$$H_p = \frac{\Sigma\lambda\, H F_\eta(p) \mp \beta^2 \alpha_t t\, E J\, \varrho\, L_t}{\frac{2}{3} f l + \frac{4}{3} f_1 l_1 \lambda_1 - 8 \frac{f}{l} \frac{K_0'}{\beta^2} + \beta^2 \frac{E J}{E_k F_k^0}\, \varrho\, L} \tag{13}$$

und für das gleiche System mit durchlaufendem Versteifungsträger von öffnungsweise konstantem J zu

$$H_p = \frac{\Sigma\lambda\, H F_\eta(p) - \frac{l}{2} \frac{\mathrm{K}}{\varphi} (\mathfrak{C}_1 + \mathfrak{C}_2) \mp \beta^2 \alpha_t t\, E J\, \varrho\, L_t}{\frac{2}{3} f l + \frac{4}{3} f_1 l_1 \lambda_1 - 8 \frac{f}{l} \frac{K_0'}{\beta^2} - 4 f \frac{K K'}{\varphi} + \beta^2 \frac{E J}{E_k F_k^0}\, \varrho\, L} . \tag{14}$$

Darin sind λ_1 und ϱ nach Gln. (2) und (3) und

$$\left.\begin{aligned}
\beta^2 &= \frac{H}{EJ} & \beta_1^2 &= \frac{H}{EJ_1} \\
\alpha &= \frac{l}{2}\,\beta & \alpha_1 &= \frac{l_1}{2}\beta_1 \\
\mathrm{k} &= 1 - \frac{\mathfrak{Tg}\,\alpha}{\alpha} & k_1 &= 1 - \frac{\mathfrak{Tg}\,\alpha_1}{\alpha_1} \\
K_0' &= k + \lambda_1^2 \frac{2 l_1 J_1}{l J} k_1 \\
K &= k + \frac{l_1}{l} k_1 \\
K' &= k + \lambda_1 \frac{l_1}{l} k_1 \\
\varphi &= H(\tau_i + \tau_k + \tau_{i1}) \quad \text{(Abb. 5)} \\
&= \beta\,\mathfrak{Tg}\,\alpha + \frac{\beta_1}{\mathfrak{Tg}\,2\alpha_1} - \frac{1}{l_1} .
\end{aligned}\right\} \tag{15}$$

Die Biegefläche $F_\eta(p)$ und die Summe der Biegewinkel $\mathfrak{C}_1 + \mathfrak{C}_2$ gehen aus Abb. 5 hervor. Diese Größen sind für verschiedene Lastfälle berechnet und zusammengestellt worden [L].

Damit haben wir die übliche Theorie II. Ordnung kurz durchstreift und wollen in folgenden Abschnitten die erwähnten verschiedenen Annahmen nacheinander untersuchen.

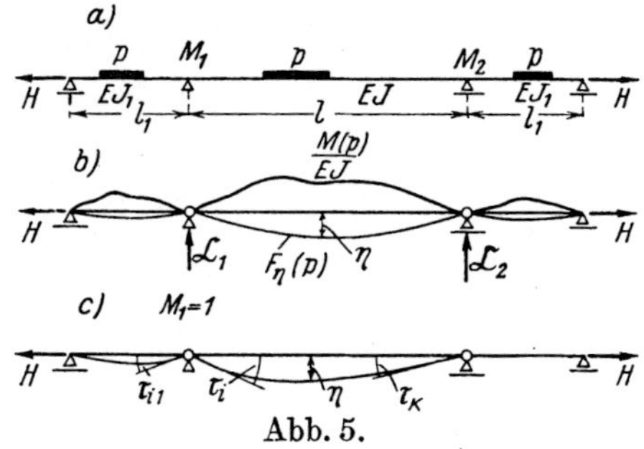

Abb. 5.

II. Die Auswirkung der Schrägstellung der Hänger (Annahme 4).

Die Hänger der Hängebrücke, die unter der Wirkung der ständigen Last g in der durch den Hängegurt und den Versteifungsträger gelegten Ebene lotrecht sein mögen, stellen sich infolge der Verkehrslast auf der Brücke schräg ein, weil sich die übereinanderliegenden Punkte des Hängegurtes und des Versteifungsträgers in der waagerechten Längsrichtung unterschiedlich verschieben. Dadurch entstehen die in der Längsachse der Brücke gerichteten waagerechten Komponenten der Hängerkräfte, die am Hängegurt und am Versteifungsträger entgegengesetzt angreifen. Der Einfluß dieser waagerechten Kräfte soll im folgenden untersucht werden.

Die Aufgabe wurde bisher noch nicht einwandfrei gelöst. Es besteht hierüber zwar schon eine Arbeit [1], aber in der angestellten Berechnung, die auf dem Verfahren der Differenzengleichungen aufgebaut ist, wurde die am Versteifungsträger angreifende horizontale Komponente der Hängerkräfte nicht erfaßt. Ferner empfiehlt sich eine Zuschärfung der in dieser Abhandlung gezeigten Berechnung der horizontalen Kabelkraftkomponente. Außerdem soll der Einfluß der Trägerhöhe und der Höhenlage der Hängerbefestigung am Träger auf das zusätzliche Kräftespiel infolge der Schrägstellung der Hänger untersucht werden. Grundsätzlich wird das Differenzengleichungssystem vermieden, da deren praktische Anwendung nur bei verhältnismäßig wenig Stützweitenabschnitten möglich ist, womit aber eine nicht unbeachtliche Einbuße der Berechnungsgenauigkeit bei Brücken mit größerer Spannweite und entsprechend vielen Hängern verbunden sein wird.

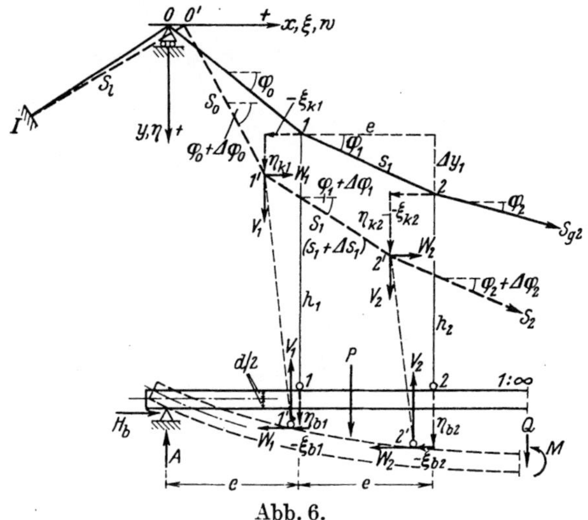
Abb. 6.

Abb. 6 stelle einen Teil einer Hängebrücke im unverformten und verformten Zustand dar. Der Versteifungsträger von der Höhe d möge der einfachen Berechnung wegen im unbelasteten Zustand waagerecht und an der Oberkante an den Hängern aufgehängt sein. Es bietet je-

---

[1] F. Stüssi und E. Amstütz: Verbesserte Formänderungstheorie verankerter Hängebrücken und Stabbogen. Schweiz. Bauztg., Bd. 116 (1940), S. 1.

R. I. Atkinson und R. V. Southwell haben in der Arbeit „On the problem of stiffened suspension-bridges, and its treatment by relaxation methods", J. Inst. civ. Eng. 1939, S. 289—312, die horizontalen Verschiebungen des Kabels in den Ansätzen berücksichtigt und erhielten in der ersten Grundgleichung (4) statt $H\eta''$ den Ausdruck $H(\eta'' + y''\xi')$ und für H_p die folgende Gleichung:

$$H_p \frac{L}{E_k F_k^0} - \int_I^{II} \left(\cos\varphi - \frac{2H_g}{E_k F_k}\right) y' \cdot \eta' \, dx = O.$$

Die Gleichung unterscheidet sich von Gl. (10) nur durch den Klammerausdruck unter dem Integral, der in der üblichen Theorie II. Ordnung gleich 1 ist. Im übrigen setzen die Verfasser das H über die ganze Kabellänge konstant voraus. Das Kräftespiel wird infolgedessen für die Beurteilung der vorliegenden Einzelfrage noch nicht genügend genau erfaßt.

doch grundsätzlich keine Schwierigkeit, die Anfangsneigung der Trägerachse und die Aufhängepunkte unterhalb der Trägeroberkante zu berücksichtigen.

Wir betrachten zunächst das Gleichgewicht des Hängegurtes im verformten Zustand. Dabei wollen wir im folgenden die Annahme gelten lassen, daß die Durchbiegungen des Hängegurtes und des Trägers einander gleich sind, also

$$\eta_{kn} = \eta_{bn} = \eta_n .$$

Als Beispiel nehmen wir den Punkt 2'. Aus $\Sigma H = O$ folgt

$$S_2 \cos(\varphi_2 + \Delta\varphi_2) - S_1 \cos(\varphi_1 + \Delta\varphi_1) + W_2 = O$$

oder

$$H_2 - H_1 + W_2 = O .$$

Entsprechend erhält man am Punkt 1'

$$H_1 - H_o + W_1 = O .$$

Die Einführung dieser Gleichung in die vorgehende liefert dann die allgemeine Beziehung

$$H_n = H_o - \sum_{i=1}^{n} W_i , \tag{16}$$

worin H_0 gleich der horizontalen Komponente des Kabel- oder Kettenzuges in der linken Verankerung ist. Mit der Bezeichnung

$$\Delta H_n = -\sum_{1}^{n} W_i \tag{17}$$

läßt sich die Gl. (16) auch in der Form

$$H_n = H_o + \Delta H_n \tag{18a}$$

schreiben. Dementsprechend gilt

$$H_{pn} = H_{po} + \Delta H_n , \tag{18b}$$

wenn $H_{pn} = H_n - H_g$ und $H_{po} = H_o - H_g$ die Änderungen der H-Kraft in der Strecke n und im linken Rückhaltekabel infolge der Verkehrslast und der Temperaturänderung bezeichnen.

Der Hängegurt möge nach der üblichen Theorie II. Ordnung überall die Kräfte H_p und H aufweisen. Durch die Berücksichtigung der Schrägstellung der Hänger mögen diese Kräfte im linken Rückhaltekabel um ΔH_p zugenommen haben. Wir erhalten somit

$$\left.\begin{aligned} H_{po} &= H_p + \Delta H_p \\ H_o &= H + \Delta H_p . \end{aligned}\right\} \tag{18c}$$

Die zweite Gleichgewichtsbedingung $\Sigma V = O$ liefert

$$V_2 = H_1 \operatorname{tg}(\varphi_1 + \Delta\varphi_1) - H_2 \operatorname{tg}(\varphi_2 + \Delta\varphi_2).$$

Die Einführung der vorhin abgeleiteten Ausdrücke für H_1 und H_2 ergibt

$$V_2 = -(H_o + \Delta H_1)[\operatorname{tg}(\varphi_2 + \Delta\varphi_2) - \operatorname{tg}(\varphi_1 + \Delta\varphi_1)] + W_2 \operatorname{tg}(\varphi_2 + \Delta\varphi_2). \tag{19}$$

Es ist

$$\operatorname{tg}(\varphi_1 + \Delta\varphi_1) = \frac{(y_2 + \eta_2) - (y_1 + \eta_1)}{e + \xi_{k2} - \xi_{k1}} .$$

Mit den Abkürzungen

$$\left.\begin{aligned} y_2 - y_1 = \Delta y_1, \quad \eta_2 - \eta_1 = \Delta\eta_1, \quad \xi_{k2} - \xi_{k1} = \Delta\xi_{k1} \\ \frac{\Delta y_1}{e} = y_1', \quad \frac{\Delta\eta_1}{e} = \eta_1', \quad \frac{\Delta\xi_{k1}}{e} = \xi_{k1}' \end{aligned}\right\} \tag{20}$$

geht diese Gl. in

$$\operatorname{tg}(\varphi_1 + \Delta\varphi_1) = \frac{y_1' + \eta_1'}{1 + \xi_{k1}'} = (y_1' + \eta_1')(1 - \xi_{k1}' + \xi_{k1}'^2 - + \ldots)$$

über. Unter Vernachlässigung der Kleinheit höherer Ordnung ergibt sich

$$\operatorname{tg}(\varphi_1 + \Delta\varphi_1) = y_1' + \eta_1' - y_1' \xi_{k1}' .$$

Schreibt man den entsprechenden Ausdruck für den Winkel $\varphi_2 + \Delta\varphi_2$ und bildet die Differenz, so erhält man mit den Abkürzungen

$$\frac{y_2' - y_1'}{e} = y_2'' = y'' , \quad \frac{\eta_2' - \eta_1'}{e} = \eta_2'' \tag{21}$$

die Gleichung

$$\operatorname{tg}(\varphi_2+\Delta\varphi_2)-\operatorname{tg}(\varphi_1+\Delta\varphi_1)=e(y''+\eta_2'')-e\,y''\,\xi_{k2}', \tag{22}$$

wobei die Größe $-e\,y_1'\,\xi_{k2}''$ wegen ihrer Kleinheit vernachlässigt wurde.

Die Einführung dieser Gl. und des entsprechenden Ausdrucks für $\operatorname{tg}(\varphi_2+\Delta\varphi_2)$ sowie der Gl. (18c) in die Gl. (19) liefert dann mit dem Index n statt 2 den allgemeinen Ausdruck

$$V_n=-eH(y''+\eta_n'')-e\Delta H_{n-1}(y''+\eta_n'')+eHy''\xi_{kn}'+W_n(y_n'+\eta_n')-e\Delta H_p(y''+\eta_n''), \tag{23}$$

wenn man die kleinen Größen höherer Ordnung $e(\Delta H_p+\Delta H_{n-1})\,y''\,\xi_{nk}'$ und $-W_n y_n'\xi_{kn}'$ vernachlässigt. In dieser Gleichung ist das erste Glied auf der rechten Seite identisch mit dem Ausdruck für V_n in der üblichen Theorie II. Ordnung, während die übrigen Summanden die Verbesserung von V_n durch die Berücksichtigung der Schrägstellung der Hänger darstellen. Wir wollen das erste Glied mit V_I, das zweite bis zum Vorletzten zusammen mit V_{II} und das letzte mit V_{III} bezeichnen, also

$$\left.\begin{aligned}
V&=V_I+V_{II}+V_{III}\\
V_{In}&=-eH(y''+\eta_n'')\\
V_{IIn}&=eHy''\xi_{kn}'-e\Delta H_{n-1}(y''+\eta_n'')+W_n(y_n'+\eta_n')\\
V_{IIIn}&=-e\Delta H_p(y''+\eta_n'')\,.
\end{aligned}\right\} \tag{23'}$$

Es sei an dieser Stelle bemerkt, daß hier die positive V-Kraft am Hängegurt nach unten und am Träger nach oben gerichtet ist.

Die Zerlegung der Käfte H_n in $H+\Delta H_n+\Delta H_p$ nach Gln. (18a) bis (18c) und V in $V_I+V_{II}+V_{III}$ nach Gl. (23)′ bezweckt, die Schnitt- und Formänderungsgrößen unter Berücksichtigung der Schrägstellung der Hänger so zu ermitteln, daß zu der Lösung nach der üblichen Theorie II. Ordnung $(H,\ V_I)$ noch zwei Korrekturglieder hinzukommen. Dabei ist wichtig, die Berechnung so zu gestalten, daß man das erste Korrekturglied infolge der Belastungen V_{II} und W (siehe anschließend) aus der ersten Lösung $(H,\ V_I)$ und das zweite infolge ΔH_p $(H,\ V_{III})$ aus der zweiten $(H,\ V_{II},\ W)$ ermitteln kann. Dadurch wird die Lösung wesentlich einfacher und übersichtlicher.

Wie aus Abb. 6 ersichtlich ist, besteht zwischen V_2 und W_2 die Beziehung

$$W_2=\frac{\xi_{k2}-\xi_{b2}}{h_2}V_2\,.$$

Ganz allgemein gilt

$$W_n=\frac{\xi_{kn}-\xi_{bn}}{h_n}V_n\,. \tag{24}$$

In diese Gleichung können wir aus Gl. (23) für V_n näherungsweise

$$V_n\sim -e(H+\Delta H_{n-1}+\Delta H_p)\ (y''+\eta_n'')$$

einsetzen. Damit erhalten wir

$$W_n=e\,(y''+\eta_n'')\,(H+\Delta H_p+\Delta H_{n-1})\,\frac{\xi_{kn}-\xi_{bn}}{h_n}\,. \tag{24'}$$

Nun wollen wir das Gleichgewicht des Versteifungsträgers betrachten. Das Biegemoment im Punkt 2 oder ganz allgemein im Punkt n lautet

$$M_n=-EJ_n\eta_n''=M_n(G+P)+M_n(V)+M_n(W)\,. \tag{25}$$

Das Biegemoment $M_n(V)$ in Gl. (25) können wir gemäß Gl. (23)′ in $M_n(V_I)$, $M_n(V_{II})$ und $M_n(V_{III})$ zerlegen. Der erste Teil ergibt sich aus Gl. (23)′ zu

$$M_n(V_I)=-Hy_n-H\eta_n\,. \tag{26}$$

Der zweite und dritte Teil lassen sich berechnen, wenn man V_{II} und V_{III} (ΔH_p siehe später) nach Gl. (23)′ ermittelt hat.

Das Biegemoment des einfachen Balkens $M_n^0(W)$ ist davon abhängig, ob das feste Lager auf der linken oder rechten Seite liegt.

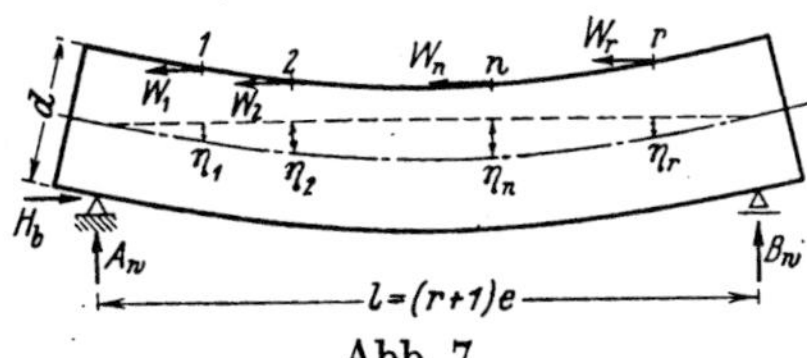

Abb. 7.

Fall a). Das feste Lager liegt auf der linken Seite (Abb. 7). Aus $\Sigma M=0$ um Punkt B folgt

$$A_w l-W_1(d-\eta_1)-W_2(d-\eta_2)\ldots=0\,.$$

Mit

$$H_b = \sum_1^r W_i \tag{27}$$

ergibt sich hieraus

$$A_w = \frac{H_b d - \sum\limits_1^r W_i \eta_i}{l}. \tag{28}$$

Damit erhält man das Biegemoment im Querschnitt rechts und links von n

$$M^o_{nr}(W) = n A_w e - H_b\left(\frac{d}{2} - \eta_n\right) - \sum_{i=1}^n W_i\left(\frac{d}{2} + \eta_n - \eta_i\right)$$

$$M^o_{nl}(W) = M^o_{nr}(W) + W_n \frac{d}{2}.$$

Für die Zahlenrechnung kann man den Mittelwert aus diesen beiden Momenten nehmen, weil in Wirklichkeit die Hänger doch ziemlich dicht nebeneinander angeordnet sind, so daß kein merklicher Momentensprung auftritt. Somit erhalten wir

$$M^o_n(W) = n A_w e - H_b\left(\frac{d}{2} - \eta_n\right) + W_n \frac{d}{4} - \left(\frac{d}{2} + \eta_n\right)\sum_1^n W_i + \sum_1^n W_i \eta_i. \tag{29}$$

Fall b). Das feste Lager liegt auf der rechten Seite. In diesem Fall bleibt A_w ungeändert, während das Moment sich zu

$$M^o_n(W) = n A_w e + W_n \frac{d}{4} - \left(\frac{d}{2} + \eta_n\right)\sum_1^n W_i + \sum_1^n W_i \eta_i \tag{30}$$

ergibt. Nach Gl. (29) und (30) werden die in bezug auf der Trägermitte symmetrisch liegenden Querschnitte wegen der Wirkung des festen Lagers selbst bei spiegelgleichen jeweils maßgebenden Belastungen — in Abweichung von der üblichen Theorie II. Ordnung — verschieden große max M_n aufweisen, d. h. die max M-Linie des Trägers verläuft nicht mehr symmetrisch in bezug auf die Brückenmitte. Praktisch ist diejenige von den beiden Gleichungen (29) und (30) von Bedeutung, die größere Schnitt- oder Formänderungsgrößen liefert. Es sei z. B. das größte positive Moment im linken Viertelspunkt des Trägers max M_v gesucht, H_b und W wie in Abb. 7 positiv und $\eta_v > \frac{d}{2}$ (siehe später das Beispiel). In diesem Fall wird Gl. (29) einen weniger günstigen Einfluß auf max M_v liefern als Gl. (30).

Wir kommen nun auf Gl. (25) zurück und setzen darin die Gl. (26) ein. Es ergibt sich dann unter Beachtung dessen, daß die ständige Last G von Hängegurt allein aufgenommen wird, also $M_n(G) - H_g y_n = 0$ ist,

$$-E J_n \eta_n'' = M^o_n(P) - H_p y_n - H \eta_n + M^o_n(V_{II}) + M^o_n(W) + M^o_n(V_{III}). \tag{31}$$

Die beiden ersten und die beiden vorletzten Glieder sowie den letzten Summanden in dieser Gl. wollen wir zusammenfassen und

$$M^o_{In} = M^o_n(P) - H_p y_n \tag{32a}$$

$$M^o_{IIn} = M^o_n(V_{II}) + M^o_n(W) \tag{32b}$$

$$M^o_{IIIn} = M^o_n(V_{III}) \tag{32c}$$

bezeichnen. Damit läßt sich die Gl. (31) in drei Teile zerlegen

$$-E J_n \eta_{In}'' = M^o_{In} - H \eta_{In} \tag{33a}$$

$$-E J_n \eta_{IIn}'' = M^o_{IIn} - H \eta_{IIn} \tag{33b}$$

$$-E J_n \eta_{IIIn}'' = M^o_{IIIn} - H \eta_{IIIn}. \tag{33c}$$

Die Gl. (33 a) ist dieselbe wie in der üblichen Theorie II. Ordnung, während die Gln. (33b) und (33c) die Korrektur infolge der Schrägstellung der Hänger darstellt. Auf die Lösung dieser Gln. werden wir später zurückkommen.

Im folgenden sollen ξ_b, ξ_k und ΔH_p berechnet werden. Abb. 8 stellt die Verschiebungen eines Trägerteiles dar. Unter Vernachlässigung der geringen Krümmung des Trägers gilt

$$-\Delta\,\xi_{bn}=e(1-\cos\tau_n)\,.$$

Beim kleinen Biegewinkel ist

$$\cos\tau_n\sim 1-\frac{1}{2}\operatorname{tg}^2\tau_n=1-\frac{1}{2}\left(\frac{\Delta\,\eta_n}{e}\right)^2.$$

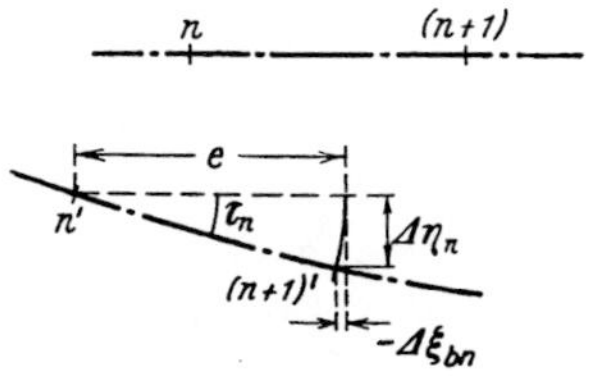

Abb. 8.

Die Einführung dieses Ausdruckes in die obige Gleichung liefert dann

$$\Delta\,\xi_{bn}=-\frac{e}{2}\left(\frac{\Delta\,\eta_n}{e}\right)^2 \tag{34}$$

und die Verschiebung des Punktes n ergibt sich für Fall a) der Trägerlagerung zu

$$\xi_{bn}=\sum_0^{n-1}\Delta\,\xi_{bi}\,. \tag{35}$$

Den Ausdruck für $\Delta\,\xi_k$ und ξ_k erhält man unmittelbar aus Gl. (9), wenn man darin H_{pn} nach Gln. (18b) und (18c) und die Differenzen statt der Differentiale sowie die Summe statt des Integrals schreibt. Man erhält also

$$\Delta\,\xi_{kn}=\frac{H_p+\Delta\,H_p+\Delta\,H_n}{E_k F_k\cos^3\varphi_n}\,e+\frac{\alpha_t t}{-\cos^2\varphi_n}\,e-\Delta\eta_n\operatorname{tg}\varphi_n \tag{36}$$

$$\xi_{kn}=\sum_I^{n-1}\Delta\,\xi_{ki}\,, \tag{37}$$

worin sich die Summe von der linken Verankerung I bis zum Punkt $n-1$ erstreckt. Aus diesen beiden Gln. läßt sich dann die Bestimmungsgleichung für die Zugkraft im Hängegurt wie die Gl. (10) anschreiben

$$(H_p+\Delta\,H_p)\frac{L}{E_k F_k^0}+\frac{1}{E_k F_k^0}\sum_I^{II}\frac{F_k^0\,\Delta\,H_n\,e}{F_k\cos^3\varphi_n}\pm\alpha_t t L_t+\Sigma y''\,F_\eta=0\,. \tag{38}$$

In dieser Gleichung können wir die Biegefläche F_η den Gln. (33a), (33b) und (33c) entsprechend in drei Teile

$$F_\eta=F_{\eta I}+F_{\eta II}+F_{\eta III} \tag{39}$$

schreiben. Weiter möge

$$\Delta\,L(\Delta\,H_n)=\frac{1}{E_k F_k^0}\sum_I^{II}\frac{F_k^0\,e}{F_k\cdot\cos^3\varphi_n}\,\Delta\,H_n \tag{40}$$

bezeichnen. Damit geht Gl. (38) in

$$(H_p+\Delta\,H_p)\frac{L}{E_k F_k^0}\pm\alpha_t t L_t+\Sigma y''\,F_{\eta I}+\Sigma y''\,F_{\eta II}+\Sigma y''\,F_{\eta III}+\Delta\,L(\Delta\,H_n)=0$$

über. Zieht man von dieser Gl. die für die übliche Theorie II. Ordnung gültige Gleichung

$$H_p\frac{L}{E_k F_k^0}\pm\alpha_t t L_t+\Sigma y''\,F_{\eta I}=0 \tag{10}$$

ab, so erhält man die Bestimmungsgleichung für den Zuwachs der H-Kraft im linken Rückhaltekabel infolge der Schrägstellung der Hänger zu

$$\Delta\,H_p\frac{L}{E_k F_k}+\Sigma y''\,F_{\eta II}+\Sigma y''\,F_{\eta III}+\Delta\,L(\Delta\,H_n)=0\,. \tag{38$'$}$$

Die Biegeflaäche $F_{\eta III}$ ist hervorgerufen durch die Vollast $V_{III}=\Delta\,H_p\,(y''+\eta'')$ nach Gl. (23)′, wobei wir das negative Vorzeichen weggelassen haben, damit $+\,V_{III}$ am Träger nach unten gerichtet wird. Zur Bestimmung von $\Delta\,H_p$ dürfen wir das zweite Glied η'' in der Klammer vernachlässigen. Damit lautet $F_{\eta III}=F_\eta\;(y''\,\Delta\,H_p)$. Die Gl. (38)′ für $\Delta\,H_p$ sieht dann genau wie Gl. (10) für H_p in der üblichen Theorie II. Ordnung aus, wenn man in Gl. (10) die Biegefläche $F_{\eta I} = F_{\eta I}(y'' H_p) + F_{\eta I}(p)$ schreibt und im vorliegenden Fall $F_{\eta II}$ als $F_{\eta I}(p)$ und $\Delta L(\Delta H_n)$ als $\alpha_t t L_t$ auffaßt. Man kann somit aus Gl. (38)′ die Bestimmungsgleichung für ΔH_p genau so weiter entwickeln wie diejenige für H_p in der üblichen Theorie II. Ordnung aus Gl. (10). Also

$$\Delta H_p = \frac{\Sigma \lambda_i F_{\eta II} - \varrho_c \Delta L(\Delta H_n)}{N} H, \tag{41}$$

worin nach Gl. (2) $\lambda_i = \varrho_c : \varrho_i$ und N den Nenner der Bestimmungsgleichung für H_p, z. B. der Gl. (13) oder (14) bedeuten. Der Faktor H kommt daher, weil der Nenner N in der H-fachen Größe angegeben ist. Damit ist die Aufgabe erledigt.

Die Durchbiegung und das Biegemoment des Versteifungsträgers erhalten wir den Gln. (33a) bis (33c) entsprechend zu

$$\left.\begin{aligned} \eta &= \eta_I + \eta_{II} + \eta_{III} \\ M &= M_I + M_{II} + M_{III}\,. \end{aligned}\right\} \tag{42}$$

Darin sind η_I und M_I die Lösungen nach der üblichen Theorie II. Ordnung, während die beiden letzten Glieder

$$\left.\begin{aligned} \Delta\eta &= \eta_{II} + \eta_{III} \\ \Delta M &= M_{II} + M_{III} \end{aligned}\right\} \tag{43}$$

den Einfluß der Schrägstellung der Hänger darstellen.

Es soll nun im Zusammenhang mit dem Rechnungsgang die Lösung der Gln. (33a), (33b) und (33c) erläutert werden. Wir haben diese Gln. an Hand des einfeldrigen Versteifungsträgers abgeleitet. Beim durchlaufenden Versteifungsträger stellen sie somit das Kräftespiel im Grundsystem dar. Man muß dann weiter die Kontinuitätsbedingungen berücksichtigen. Die drei Gleichungen (33a) bis (33c) sind von demselben Typ. Ihre M^o-Linien berechnen sich nach Gln. (32a), (32b) und (32c), in denen der zweite Differenitalquotient von M_I^o praktisch meistens konstant ist, so daß bei öffnungsweise konstantem J des Versteifungsträgers die Gl. (33 a) verhältnismäßig leicht gelöst werden kann[L]. Dagegen sind M_{II}^o und der zweite Teil von M_{III}^o, nämlich $-\Delta H_p \eta_n$, keine Kurve des zweiten oder ersten Grades, so daß man sich zur Lösung von Gln. (33 b) und (33 c) der Annäherungsmethode[L] oder Differenzenrechnung[1]) bedienen muß.

Bei der Durchführung der Berechnung beginnt man mit der Gl. (33 a), d. h. man berechnet zunächst die Brücke nach der üblichen Theorie II. Ordnung. Hieraus erhält man H_p und $H = H_p + H_g$ sowie M_I und η_I. Dann werden ξ_b nach Gl. (35) und ξ_k nach Gl. (37) ermittelt, wobei zunächst näherungsweise $\eta = \eta_I$ und $\Delta H_p + \Delta H_n = O$ gesetzt werden. Damit lassen sich W und ΔH_n gleichzeitig nach Gln. (24)′ und (17), V_{II} nach Gl. (23)′ und weiter $M^o(W)$ sowie $M^\circ(V_{II})$ berechnen. Bei der Ermittlung von W nach Gl. (24)′ nimmt man zunächst $\Delta H_p = O$. Mit der hieraus gewonnenen Biegefläche $F_{\eta II}$ und $\Delta L(\Delta H_n)$ nach Gl. (40) kann man dann ΔH_p nach Gl. (41) ermitteln. Schließlich wird die Gl. (33 c) gelöst, wobei man die Lösung für die erste Teillast $\Delta H_p y''$ unmittelbar aus der Teillösung von Gl. (33 a) für die Last $H_p y''$ erhalten kann.

Die im vorstehenden geschilderte Berechnung kann verbessert werden, indem man ξ_b und ξ_k unter Zugrundelegung eines neuen Wertes für η und unter Berücksichtigung von ΔH_p und ΔH_n ermittelt und damit die Kräfte W und V_{II} genauer berechnet. Man hat dann lediglich die Lösung der Gln. (33 b) und (33 c) zu wiederholen, während die Lösung der Gl. (33 a) unverändert bleibt. Die neue Lösung der Gl. (33 c) für den verbesserten Wert $\Delta H_p'$ kann man ohne weiteres durch Multiplikation der Lösung im ersten Rechnungsgang mit dem Faktor $\Delta H_p' : \Delta H_p$ ermitteln. Praktisch ist also nur die Wiederholung der Lösung der Gl. (33 b) erforderlich.

Zahlenbeispiel 1.

Es soll im folgenden die Hängebrücke nach Abb. 9 untersucht werden. Der Berechnung mögen die aus der beschränkten Einflußlinie entnommene ungünstigste Belastung (mit einer

[1]) Siehe Fußnote 3, S. 3.

gleichzeitigen Temperaturänderung $t = +25°$ C) für das positive Biegemoment im Viertelspunkt der Mittelöffnung (Punkt 3) und die folgenden Daten zugrundeliegen:

Versteifungsträger	$J_1 = J = 11{,}0\,\mathrm{m}^4$	$E = 2100\,\mathrm{t/cm}^2$
Höhe der Träger	$d_1 = d = 8{,}0\,\mathrm{m}$	
Kabel	$F_k = 0{,}67\,\mathrm{m}^2$	$E_k = 1550\,\mathrm{t/cm}^2$
Last je Tragwand	$g_1 = g = 26\,t/\mathrm{m}$	$p = 15\,\mathrm{t/m}$.

Wir werden für diesen Lastfall auch die Durchsenkung η_v (η_3) des Trägers im Viertelspunkt ausrechnen, um die Einflüsse der verschiedenen Annahmen auf η_v festzustellen. Dieser Lastfall ist allerdings nicht der für η_v maßgebende, weicht aber von diesem nicht viel ab.

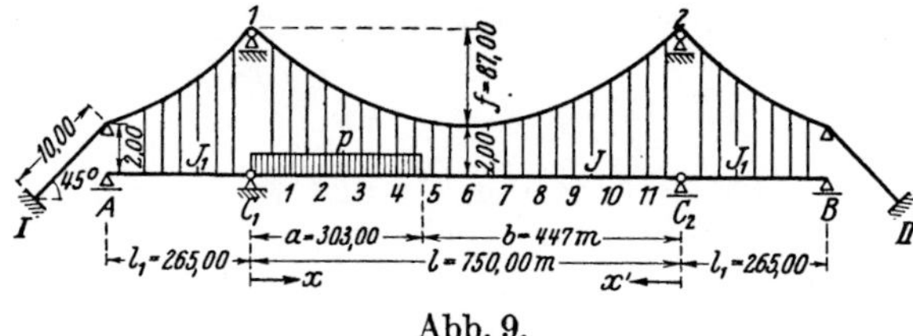

Abb. 9.

Es wurde zunächst die Berechnung nach der üblichen Theorie II. Ordnung, d. h. die Lösung der Gl. (33 a) allein, durchgeführt. Die für das vorliegende System gültige Bestimmungsgleichung (13) lautet nach Einsetzen der Zahlenwerte der Systemabmessungen und $\varrho = 808{,}2$ m, $L = 1473{,}4$ m, $L_t = 1423{,}8$ m, sowie $t = +25°C$, $\alpha_t = 0{,}0000\,12$

$$H_p = \frac{H F_\eta(p) - \beta^2 \cdot 797{,}4 \cdot 10^8}{47\,333{,}6 - 0{,}9280 \frac{1}{\beta^2} K_o' + \beta^2 \cdot 2648{,}4 \cdot 10^4},$$

und nach Gl. (15) $K_o' = k + 0{,}706\,k_1$.

Mit einem Näherungswert $H_p = 3645$ t und $H = H_g + H_p = 21013 + 3645 = 24658$ t ergaben sich nach Gl. (15)

$$\beta_1^2 = \beta^2 = 1{,}067 \cdot 10^{-4} \qquad \beta = 1{,}033 \cdot 10^{-2}, \text{ (wegen } J = J_1)$$
$$\alpha = 3{,}874, \qquad k = 0{,}742,$$
$$\alpha_1 = 1{,}369, \qquad k_1 = 0{,}358,$$
$$K_o' = 0{,}742 + 0{,}706 \cdot 0{,}358 = 0{,}995$$

und die für die Ermittlung der Biegefläche erforderlichen Zahlenwerte

$$\frac{a}{2}\beta = \frac{303}{2} \cdot 1{,}033 \cdot 10^{-2} = 1{,}565, \qquad \mathfrak{Sin}\,1{,}565 = 2{,}287,$$

$$\frac{b}{2}\beta = \frac{447}{2} \cdot 1{,}033 \cdot 10^{-2} = 2{,}309, \qquad \mathfrak{Cof}\,2{,}309 = 5{,}081,$$

$$\mathfrak{Cof}\,3{,}847 = 24{,}051.$$

Nach der Formelzusammenstellung ^{L} lautet die H-fache Biegefläche infolge p in der Mittelöffnung

$$H \cdot F_\eta(p) = \frac{p a^2}{12}(3l - 2a) - \frac{2p}{\beta^2}\left(\frac{a}{2} - \frac{\mathfrak{Sin}\frac{a}{2}\beta \cdot \mathfrak{Cof}\frac{b}{2}\beta}{\beta\,\mathfrak{Cof}\,\alpha}\right) = 15\,922 \cdot 10^4.$$

Damit ergeben sich der Zähler und der Nenner der Bestimmungsgleichung zu

$$Z = 15072{,}0 \cdot 10^4$$
$$N = 41505{,}6$$

und hieraus

$$H_p = 3631{,}3 \text{ t, genommen } H_p = 3632 \text{ t.}$$

Eine weitere Verbesserung dieses Wertes ist nicht nötig, da sich die Größe β für das neue H_p kaum geändert hat. Wir haben also $H_p = 3632$ t, $H = 24645$ t. Damit kann man die Momente und die Durchbiegungen bestimmen.

Nach Gl. (12 a) setzen sich die Momente und die Durchbiegungen des Versteifungsträgers in der Mittelöffnung aus zwei Teilen zusammen, der eine Teil infolge der Last p und der andere Teil infolge der Last $y'' H_p$. In den Seitenöffnungen ist $p = O$ und man braucht M und η nur für die Last $y''\,H_p$ zu ermitteln. Nach der Formelzusammenstellung ^{L} gilt für die Mittelöffnung

belastete Strecke $\quad M_x(p) = \frac{p}{\beta^2}\left(1 - \frac{\mathfrak{Sin}\,\beta x' + \mathfrak{Cos}\,b\beta\,\mathfrak{Sin}\,\beta x}{\mathfrak{Sin}\,2\alpha}\right)$

unbelastete Strecke $\quad M_x(p) = \frac{p}{\beta^2}\frac{\mathfrak{Cos}\,a\beta - 1}{\mathfrak{Sin}\,2\alpha}\,\mathfrak{Sin}\,\beta x'$

ganze Öffnung $\quad M_x(y'' H_p) = \frac{y'' H_p}{\beta^2}\left(1 - \frac{\mathfrak{Sin}\,\beta x + \mathfrak{Sin}\,\beta x'}{\mathfrak{Sin}\,2\alpha}\right)$

und für die Seitenöffnungen

$$M_x = M_x(y'' H_p) = \frac{y_1'' H_p}{\beta_1^2}\left(1 - \frac{\mathfrak{Sin}\,\beta_1 x + \mathfrak{Sin}\,\beta_1 x'}{\mathfrak{Sin}\,2\alpha_1}\right).$$

Für die Ermittlung der Durchbiegung gilt ganz allgemein die Beziehung

$$\eta_x = \frac{M_x^o - M_x}{H},$$

worin M das vorstehende berechnete Moment und M^o das Biegemoment des einfeldrigen Trägers nach Abb. 3 ohne den Axialzug H bedeutet. In der Mittelöffnung setzt sich die Durchbiegung aus zwei Teilen zusammen

$$\eta(p) = \frac{M^o\,(p) - M\,(p)}{H}$$

$$\eta(y'' H_p) = \frac{M^o\,(y'' H_p) - M\,(y'' H_p)}{H},$$

worin im vorliegenden Fall $M^o(y'' \mathrm{H}_p) = -H_p \cdot y$ ist. In den Seitenöffnungen hat man wegen $p = 0$

$$\eta = \frac{-H_p y_1 - M\,(y_1'' H_p)}{H}.$$

Zusammenstellung 1 enthält den Auszug der Zahlenrechnungen für die Mittelöffnung. Daraus entnehmen wir das Moment und die Durchbiegung des Trägers im Viertelspunkt der Mittelöffnung

$$M_v = M_3 = 63645 \text{ tm}$$
$$\eta = \eta_3 = 4{,}696 \text{ m}.$$

Nun kann man an die Lösung der Gl. (33 b) herangehen. Zunächst werden ξ_b nach Gln. (34) und (35) sowie ξ_k nach Gln. (36) und (37) berechnet. Es ergeben sich dann aus Gl. (24)', (17) und (23)' die Kräfte W, ΔH_n und V_{II}. Damit wird $M_{II}^o = M^o\,(W) + M^o\,(V_{II})$ ermittelt. Darauf wird die Gl. (33 b) nach dem Annäherungsverfahren[L] gelöst. Der Rech-

Zusammenstellung 1: Auszug aus den

Punkt	Ergebnisse aus der üblichen Theorie II. Ordnung Gl. (33a)						Ermittlung von M_{II}^o und				
	$M\,(p)$ tm	$\eta\,(p)$ mm	$M\,(y'' H_p)$ tm	$\eta\,(y'' H_p)$ mm	M_I tm	η_I mm	ξ_b mm	ξ_k mm	W t	ΔH t	V_{II} t
C_1	0	0	0	0	0	0	0	+ 354	(—8,1)	∼0	
1	62 647	5 467	—20 010	— 3 105	42 637	2 362	— 45	— 541	16,6	— 16,6	22,4
2	91 663	9 921	—30 479	— 5 886	61 184	4 035	— 67	—1045	57,0	— 73,6	21,1
3	99 570	12 854	—35 925	— 8 158	63 645	4 696	— 71	—1176	107,7	— 181,3	15,8
4	89 773	14 128	—38 697	— 9 826	51 076	4 302	— 72	—1069	191,5	— 372,8	10,7
5	58 301	13 932	—39 992	—10 842	18 309	3 090	— 84	— 904	372,0	— 744,8	— 1,7
6	30 544	12 730	—40 371	—11 183	— 9 827	1 647	—100	— 818	641,0	—1385,8	— 47,6
7	15 996	10 992	Symmetrisch	Symmetrisch	—23 996	150	—118	— 839	270,0	—1655,8	—109,9
8	8 353	8 974			—30 344	— 852	—126	— 913	108,0	—1763,8	—125,4
9	4 313	6 810			—31 612	—1 348	—128	— 967	56,1	—1819,9	—133,0
10	2 135	4 570			—28 344	—1 316	—128	— 922	29,8	—1849,7	—140,3
11	878	2 293			—19 132	— 812	—130	— 719	14,3	—1864,0	—149,3
C_2	0	0			0		—135	— 354	(4,3)	—1864,0	

nungsgang war folgender: Man ermittelt zunächst die Biegelinie $\overset{o}{\eta}_{II}$ für M^o_{II} und dann die Biegelinie ${}_H\overset{o}{\eta}_{II}$ für das Biegemoment $H \cdot \overset{o}{\eta}_{II}$, wobei H zunächst beliebig gewählt werden kann. Im vorliegenden Beispiel wurde der bequemen Zahlenrechnung wegen zunächst $H = 10\,000$ t genommen. Aus $\overset{o}{\eta}_{II}$ und ${}_H\overset{o}{\eta}_{II}$ erhält man

$$\overset{o}{\eta}_{II,1} = \overset{o}{\eta}_{II} - \frac{a_o}{b_o}\, {}_H\overset{o}{\eta}_{II}\,.$$

Darin bedeutet $b_o = 1 - a_o$ und die Größe $\frac{a_o}{b_o}$ wird nach bestimmten Regeln gewählt. Die Lösung der Gl. (33 b) läßt sich dann in

$$\eta_{II} = a_o\, \overset{o}{\eta}_{II} + a_1 b_o\, \overset{o}{\eta}_{II,1}$$

angeben, worin a_1 dieselbe Bedeutung wie a_o hat. Es wurden in der Mittelöffnung für $H = 10\,000$ t

$$\frac{a_o}{b_o} = 0{,}406, \qquad \frac{a_1}{b_1} = 1{,}60$$

gewählt. Daraus ergeben sich nach der Formel[L]

$$a = \frac{a'/b'}{\dfrac{H}{H'} + \dfrac{a'}{b'}}$$

für $H = 24\,645$ t die Multiplikatoren:

$$a_o = 0{,}1414, \qquad a_1\, b_o = 0{,}338.$$

Die Durchbiegungen und Momente der Gl. (33 b) lauten somit

$$\eta_{II} = 0{,}1414 \cdot \overset{o}{\eta}_{II} + 0{,}338\, \overset{o}{\eta}_{II,1}$$

und

$$M_{II} = M^o_{II} - H\,\eta_{II} = M^o_{II} - 24645\, \eta_{II}\,.$$

Hierauf wurde die Biegefläche $F\eta_{II}$ ermittelt. In der Mittelöffnung lautet sie z. B.

$$F\eta_{II} = 0{,}1414\, F\overset{o}{\eta}_{II} + 0{,}338\, F\overset{o}{\eta}_{II,1}\,,$$

worin $F\eta^o$ die Biegefläche der η^o-Linie bedeutet. Wir erhielten $F\eta_{II}$ für die Mittel- und Seitenöffnungen zu $+1090{,}4\ \mathrm{m}^2$ und $+61{,}9\ \mathrm{m}^2$. Weiter wurden $\varDelta L\,(\varDelta H_n)$ nach Gl. (40) berechnet. Es ergab sich

$$\varDelta L\,(\varDelta H_n) = \frac{1}{E_k F_k} \sum_{I}^{II} \frac{\varDelta H_{ne}}{\cos^3 \varphi_n} = -\,0{,}1348\ \mathrm{m}\,.$$

Zahlenrechnungen für die Mittelöffnung.

Lösung der Gl. (33 b)						Lösung der Gl. (33 c)				Die Verbesserung	
						η_{III}		M_{III}			
M^o_{II}	$\overset{o}{\eta}_{II}$	${}_H\overset{o}{\eta}_{II}$	$\overset{o}{\eta}_{II,1}$	η_{II}	M_{II}	$(\varDelta H_p y'')$	$(\varDelta H_p \eta''_I)$	$(\varDelta H_p y'')$	$(\varDelta H_p \eta''_I)$	$\varDelta\eta = \eta_{II} + \eta_{III}$	$\varDelta M = M_{II} + M_{III}$
tm	mm	mm	mm	mm	tm	mm	mm	tm	tm	mm	tm
— 7 4€0	0	0	0	0	— 74 60	0	0	0	0	0	— 7 460
5 622	3 590	9 835	— 403	371	— 3 522	— 640	— 37	— 4 126	— 825	— 306	— 8 473
18 676	7 086	19 065	— 654	781	— 572	— 1 214	— 75	— 6 286	— 1 140	— 508	— 7 998
30 956	10 268	27 106	— 719	1209	1 159	— 1 682	— 90	— 7 409	— 1 250	— 563	— 7 500
42 963	12 928	33 425	— 643	1611	3 258	— 2 026	— 90	— 7 980	— 959	— 505	— 5 681
52 271	14 868	37 579	— 386	1973	3 644	— 2 236	— 75	— 8 247	— 434	— 338	— 5 037
61 621	15 925	39 244	— 8	2249	6192	— 2 306	— 52	— 8 326	+ 90	— 109	— 2 080
69 200	15 944	38 246	416	2395	10 173	Symmetrisch	— 22	Symmetrisch	+ 449	+ 137	+ 2 375
71 254	14 808	34 584	767	2353	13 262		0		+ 644	+ 327	+ 5 926
66 171	12 488	28 452	936	2083	14 833		+ 15		+ 636	+ 416	+ 8 060
52 971	90 73	20 239	856	1573	14 203		+ 22		+ 434	+ 381	+ 8 351
30 989	4 786	10 517	516	852	9 989		+ 15		+ 232	+ 227	+ 6 195
0	0	0	0	0			0		0	0	0

Damit kann ΔH_p nach Gl. (41) ermittelt werden. Für den vorliegenden Fall

$$\varrho_c = \varrho_1 = \varrho = l^2/8f = 808{,}2 \text{ m}$$
$$\lambda_1 = \lambda = 1$$
$$N = 41505{,}6$$

erhalten wir

$$\Delta H_p = \frac{1090{,}4 + 61{,}9 + 808{,}2 \cdot 0{,}1348}{41505{,}6}\, 24645 = 749 \text{ t}.$$

Nun kann man die Gl. (33 c) lösen. Ein Teil der Lösung für die Last $\Delta H_p y''$ ergab sich unmittelbar aus der Lösung von Gl. (33 a) für die Teillast $y'' H_p$, indem diese mit $\Delta H_p : H_p = 0{,}20617$ multipliziert wurde. Der zweite Teil der Lösung für $M^0_{III} = -\Delta H_p \eta \approx -\Delta H_p \eta_I$ wurde wieder mit dem vorhin erläuterten Annäherungsverfahren ermittelt. Die Addition der Lösungen von Gln. (33 a), (33 b) und 33 c) liefert dann die endgültigen Werte des ersten Rechnungsganges. Wir erhalten die Abweichungen des Momentes und der Durchsenkung im Viertelspunkt zu

$$\Delta M_3 = M_{II} + M_{III} = -7500 \text{ tm} = -11{,}7\,\%$$
$$\Delta \eta_3 = \eta_{II} + \eta_{III} = -563 \text{ mm} = -12{,}0\,\%.$$

Die Wiederholung der Berechnung mit neuem η und unter Berücksichtigung von ΔH_p und ΔH_n liefert

$$\Delta M_3 = -5042 \text{ tm} = -7{,}9\,\%$$

und

$$\Delta \eta_3 = -364 \text{ mm} = -7{,}8\,\%.$$

Diese Ergebnisse können wir als die endgültigen Werte ansehen.

III. Der Einfluß der Pylonenelastizität bei Hängebrücken mit und ohne Versteifungskabel.

Wie am Anfang des Abschnittes I betont wurde, führen die Annahmen 4 und 5 zu der wesentlichen Vereinfachung, daß die H-Kräfte in allen Öffnungen gleich sind. Nachdem die Annahme 4 untersucht wurde, wollen wir in diesem Abschnitt die Annahme 5 der waagerechten reibungslosen Lagerung des Hängegurtes auf den starren Pylonen erörtern. Hierzu sollen zunächst zwei Auflagerungsarten des Hängegurtes auf den Pylonen unterschieden werden.

1. Die bewegliche Auflagerung. Die Bauart, daß der Hängegurt auf Sattelrollenlagern ruht, kommt nur bei den in der neueren Zeit seltener ausgeführten, massiven Pylonen in Frage. Vernachlässigt man in diesem Fall die rollende Reibung, so ist die Annahme 5 theoretisch erfüllt. Dies wollen wir jetzt aber nicht mehr gelten lassen. Zur Berücksichtigung der Lagerreibung unterscheide man die zwei Fälle, ob die für den betreffenden Lastfall mögliche Reibungskraft R größer oder kleiner ist als die Differenz der H-Kräfte W der beiden angrenzenden Öffnungen, die sich ergibt, wenn man sich den Hängegurt am Pylonenkopf fest verbunden denkt. Im ersten Fall ($R > W$) wirkt das Auflager wie ein festes (siehe unten). Im zweiten Fall ist $W = R$ bekannt und man braucht nur diese Differenz der H-Kräfte in der Berechnung nach der üblichen Theorie II. Ordnung zu berücksichtigen. Hierauf brauchen wir nicht näher einzugehen.

2. Die feste Auflagerung. Die meisten Hängebrücken haben pendelnde oder eingespannte Pylonen aus Stahl, an deren Kopf der Hängegurt fest verbunden ist. Auch in diesem Fall sind die H-Kräfte in den verschiedenen Öffnungen verschieden. Der Unterschied hängt von der noch näher zu definierenden Pylonenelastizität ab.

Ein weiterer Umstand, der außerhalb der Annahmen 4 und 5 liegt, aber auch unterschiedliche H-Kräfte hervorruft, ist das bei wenigen Brücken angeordnete, systemversteifende Zusatzkabel — im folgenden kurz „Versteifungskabel" genannt —, das sich am Pylonenkopf mit dem Hängegurt verbindet. Im folgenden wird auch dieses System untersucht, da es sich theoretisch ebenso behandeln läßt, wie die häufiger vorkommenden Hängebrücken ohne Versteifungskabel.

Die Berücksichtigung der Pylonenelastizität und des Versteifungskabels erschwert die

Berechnung. Dana und Rapp[1] haben zunächst ein Näherungsverfahren zur Ermittlung der horizontalen Verschiebungen der Pylonen und der Durchsenkungen des Trägers unter Berücksichtigung der Pylonenbewegung bei der Vollast in einer oder mehreren Öffnungen angegeben. Das Verfahren gilt für Systeme mit und ohne Versteifungskabel. Für Hängebrücken über drei Öffnungen mit einfeldrigen Versteifungsträgern ohne Versteifungskabel haben Krivoshein[2] und Pigeaud[3] die Berechnung unter Berücksichtigung der Wirkung von eingespannten Pylonen durchgeführt. Kuester[4] hat das System mit Versteifungskabeln behandelt. Sein Verfahren, das er in einer anderen Schrift angegeben hat, haben die Verfasser jedoch nicht kennenlernen können. Im folgenden wollen wir die Verformungstheorie der Hängebrücke mit und ohne Versteifungskabel unter Berücksichtigung von Verschiebungen der Pendel- oder Einspannpylonen ganz allgemein entwickeln, wobei das System mit einfeldrigen Versteifungsträgern und dasjenige mit Durchlaufträgern getrennt behandelt werden.

A. Hängebrücken mit einfeldrigen Versteifungsträgern.

1. Systeme mit Versteifungskabeln.

Bei der Ableitung des Verfahrens werden wir im folgenden zunächst die Hängebrücke mit Versteifungskabeln behandeln. Daraus lassen sich dann die Formeln für das System ohne Versteifungskabel ganz leicht angeben. Abb. 10 stellt eine Hängebrücke mit Versteifungskabeln über r-Öffnungen dar. Die Pylonen sind unten am Fuß entweder gelenkig gelagert oder eingespannt. Wir wollen zunächst zeigen, daß die Gelenklagerung und die Einspannung in unseren weiteren Untersuchungen auf gleicher Basis behandelt werden können. Abb. 11 a veranschaulicht die bei der unbelasteten Brücke an der lotrechten Pylone n angreifenden Kräfte und Abb. 11 b sowie 11 d die Kräfte und die Verschiebung der Pylone infolge der Belastung p und der Temperaturänderung t.

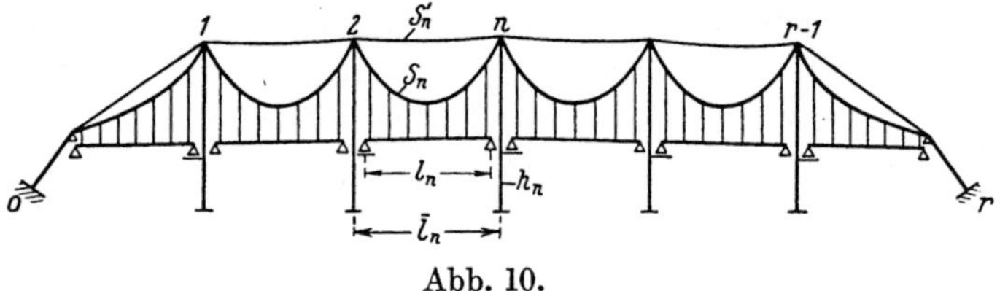

Abb. 10.

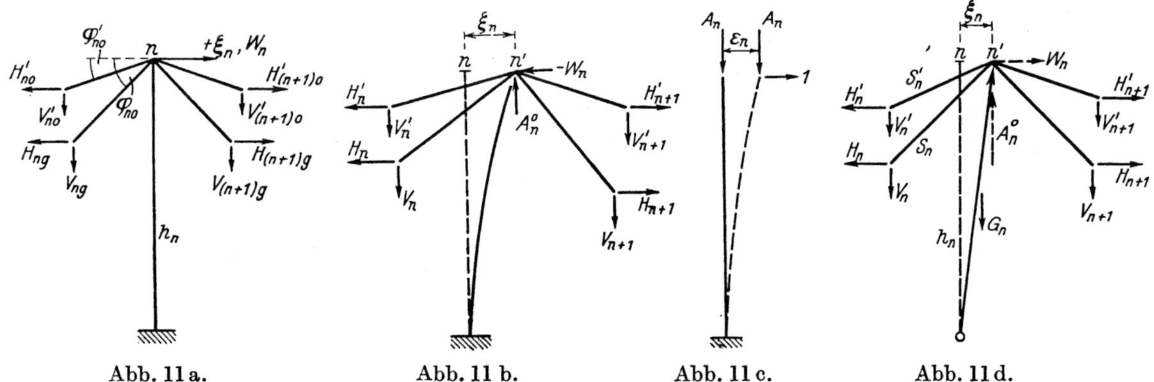

Abb. 11 a. Abb. 11 b. Abb. 11 c. Abb. 11 d.

Aus der Gleichgewichtsbedingung $\sum H = 0$ im Punkt n' und n und unter Einführung der positiven W-Kraft in die Gleichung folgt sowohl für die Einspannpylone (Abb. 11b)

[1] Modified Dane method. G. E. Beggs, R. E. Davis und H. E. Davis: Test on structural Models of proposed San Francisco-Oakland Suspension bridge. Univ. California, 1933, Seite 151.

[2] G. G. Krivoshein: La theorie exacte des Ponts suspendus a trois travees. Bericht über die II. Internationale Tagung für Brücken- und Hochbau, Wien 1930. Oder vom gleichen Verfasser: Simplified calculation of statically indererminate bridges Prag, 1930, S. 278.

[3] M-Pigeaud: Calcul des ponts suspendus. Annales des Ponts et Chaussées, Paris 1939, S. 306 u. 421.

[4] E. Kuester: Hängebrücken von vielen Spannweiten mit Versteifungskabeln. Abh. der I.V.B.H. Bd. 4 (1936) Seite 367.

als auch für die Pendelpylone (Abb. 11d):

$$W_n + H_{n+1} + H'_{n+1} - H_n - H'_n = 0$$
$$H_{(n+1)g} + H'_{(n+1)0} - H_{ng} - H'_{no} = 0 .$$

Die Subtraktion der beiden Gln. liefert

$$W_n + H_{(n+1)p} - H_{np} + H'_{(n+1)p} - H'_{np} = 0 ,$$

worin H_{np} und H'_{np} die Änderung der horizontalen Komponente der Zugkräfte im Hängegurt und im Versteifungskabel der Öffnung n infolge p und t bedeuten sollen, die im folgenden wegen der einfachen Schreibweise mit X_n und X'_n bezeichnet werden,

also
$$W_n + X_{n+1} - X_n + X'_{n+1} - X'_n = 0 . \tag{44}$$

Die Kraft W_n berechnet sich bei der Einspannpylone nach

$$W_n = -\frac{\xi_n}{\varepsilon_n} , \tag{45}$$

worin ε_n nach Abb. 11c die Verschiebung der Pylone n infolge der Kraft 1 bedeutet, die wir als „Pylonenelastizität" bezeichnen wollen. Das negative Vorzeichen auf der rechten Seite der Gl. kommt daher, weil die von der Pylone auf den Punkt n' des Hängegurtes und des Versteifungskabels wirkende Kraft W_n der Verschiebung ξ_n entgegengerichtet ist. Es sei an dieser Stelle bemerkt, daß W_n, wie es aus Gl. (44) ersichtlich ist, nur die Differenz der H_p-Kräfte zweier angrenzenden Öffnungen darstellt. Praktisch läßt es sich aber bei der Montage der Brücke auch kaum ermöglichen, daß H_g in allen Öffnungen gleich groß ist. Dies spielt für unsere weitere Betrachtung jedoch keine Rolle, weil bei der Ableitung der Gl. (44) durch die Subtraktion der Gleichgewichtsbedingungen $\Sigma H = 0$ im Punkt n' und n die Differenz der Kräfte $H_{(n+1)g}$ und H_{ng}, kurz W_{ng} genannt, wegfällt. Bei der Bemessung der Pylone muß man natürlich sowohl W_n als auch W_{ng} berücksichtigen.

Betrachtet man die Pylone n als einen Stab mit dem E-Modul E_p und dem konstanten Trägheitsmoment J_{np}, so läßt sich ihre Elastizität ε_n nach Abb. 11c in

$$\varepsilon_n = \frac{h_n}{A_n}\left(\frac{\operatorname{tg}\gamma_n}{\gamma_n} - 1\right) \tag{46 a}$$

angeben, wenn das über die ganze Höhe gleichmäßig verteilte Gewicht g der Pylone annähernd durch die Last $\frac{G_n}{2}$ an der Pylonenspitze ersetzt wird. Mit

$$A_n^0 = V_n + V'_n + V_{n+1} + V'_{n+1} \tag{46 b}$$

beträgt also in der vorstehenden Gl.

$$A_n = A_n^0 + \frac{G_n}{2} . \tag{46 c}$$

Ferner bedeutet

$$\gamma_n = h_n \sqrt{\frac{A_n}{E_p J_{np}}} . \tag{46 d}$$

Für verschiedene γ findet man den Klammerausdruck in Gl. (46 a) in einer Tabelle[1] zusammengestellt. An Stelle der Gl. (46 a) genügt für die praktische Berechnung auch die Näherungsformel

$$\varepsilon_n = \frac{1}{1 - \frac{A_n}{P_k}} \varepsilon_n^0 , \tag{47 a}$$

worin P_k die Eulersche Knicklast der Pylone und ε_n^0 die Verschiebung des Pylonenkopfes nach Abb. 11c bei $A_n = 0$ bedeuten. Beim konstanten J_{np} der Pylone hat man

$$\varepsilon_n^0 = \frac{h_n^3}{3 E_p J_{np}} , \qquad P_k = \frac{\pi^2 E_p J_{np}}{4 h_n^2} = \frac{\pi^2}{12} \frac{h_n}{\varepsilon_n^0} . \tag{47 b}$$

Bei der Pendelpylone erhalten wir aus Abb. (11 d) die von der Pylone auf den Hängegurt und das Versteifungskabel wirkende Kraft W_n zu

$$W_n = \frac{A_n \xi_n}{h_n} + \frac{G_n \xi_n}{2 h_n} ,$$

[1] Stahlbau-Kalender 1942, S. 120.

worin G_n das Eigengewicht der Pylone n bedeutet, das in $h_n/2$ angreifen möge. Diese Gl. läßt sich auch in der Form der Gl. (45) schreiben, wenn wir die gedachte Elastizität ε_n der Pendelpylone einführen:

$$\varepsilon_n = -\frac{h_n}{A_n} \,. \tag{48}$$

worin A_n die Abkürzung nach Gl. (46 c) bedeutet.

Man ersieht, daß der Unterschied zwischen der Pendel- und Einspannpylone nur in der Elastizität ε liegt. Die Elastizität der Pendelpylone nach Gl. (48) ist im Gegensatz zu der der Einspannpylone deshalb negativ, weil hier zur Aufrechterhaltung des Gleichgewichtes der Pylone die Kraft 1 — umgekehrt wie im Abb. 11c — entgegengesetzt zur Verschiebung ξ wirken muß. Wesentlich ist, daß nicht nur bei der eingespannten Pylone, sondern auch bei der gelenkig gelagerten verschieden große H-Kräfte in den Hängegurten der angrenzenden Öffnungen auftreten können, was im übrigen auch das Kräftepolygon an der Auflagerstelle der Hängegurte ausweisen würde.

Nachdem wir gezeigt haben, daß die Einspann- und Pendelpylone statisch in derselben Weise behandelt werden können, soll die seitliche Verschiebung der Pylone ξ_n berechnet werden. Diese ergibt sich durch die Einführung der Gl. (45) in Gl. (44) zu

$$\xi_n = \varepsilon_n[(X_{n+1} - X_n) + (X'_{n+1} - X'_n)]$$

oder abgekürzt

$$\xi_n = \varepsilon_n \Delta[X + X']_n \,. \tag{49}$$

Nun wollen wir die Kräfte X und X' berechnen. Für den Hängegurt in der Öffnung n gilt nach Gl. (10)

$$X_n \frac{L_n}{E_k F^0_{kn}} \pm \alpha_t t L_{tn} + y''_n F_{\eta_n}(p) + y''_n F_{\eta_n}(X y'') = \Delta \bar{l}_n \,, \tag{50}$$

worin $F_{\eta_n}(p)$ und $F_{\eta_n}(Xy'')$ die Biegefläche infolge der Teillasten p und Xy'' des dem Versteifungsträger der Öffnung n entsprechenden Ersatzträgers bedeuten, der außer durch die Querlast noch durch den achsialen Zug

$$H_n = H_{ng} + H_{np} = H_{ng} + X_n$$

beansprucht ist. Da der Träger einfeldrig ist, braucht man zur Ermittlung der Biegefläche F_{η_n} nur die Querlasten p und $X_n y''_n$ sowie den Achsialzug H_n, also p und X_n, in dieser Öffnung zu kennen. Mit anderen Worten: F_{η_n} ist unmittelbar nur von p und X_n abhängig. Darin besteht ein wesentlicher Unterschied zwischen dem einfeldrigen und dem durchlaufenden Versteifungsträger; denn beim Durchlaufträger wird F_{η_n} noch durch p, $X y''$ und H in den anderen Öffnungen beeinflußt. Deshalb wollen wir die beiden Systeme getrennt behandeln.

Da beim Ersatzträger die lineare Abhängigkeit zwischen der Formänderung und der Querlast besteht, können wir

$$F_{\eta_n}(X_n y''_n) = X_n F_{\eta_n}(y''_n) \tag{51}$$

schreiben. Führt man diesen Ausdruck in Gl. (50) ein, so ergibt sich unter Beachtung der Gl. (3)

$$X_n \left[\frac{L_n}{E_k F^0_{kn}} + \frac{1}{\varrho_n} F_{\eta_n}\left(\frac{1}{\varrho_n}\right)\right] \pm \alpha_t t L_{nt} - \frac{1}{\varrho_n} F_{\eta_n}(p) = \Delta \bar{l}_n$$

oder

$$\underline{X_n \delta_n - \delta_{np} \pm \delta_{nt} = \Delta \bar{l}_n} \,, \tag{52}$$

wenn darin bedeuten:

$$\delta_n = \frac{L_n}{E_k F^0_{kn}} + \frac{1}{\varrho_n} F_{\eta_n}\left(\frac{1}{\varrho_n}\right) \tag{53 a}$$

$$\delta_{np} = \frac{1}{\varrho_n} F_{\eta_n}(p) \tag{53 b}$$

und

$$\delta_{nt} = \alpha_t t L_{nt} \,. \tag{53 c}$$

Die Biegefläche in Gl. (53 a) ergibt sich nach der Formel[L] zu

$$\frac{1}{\varrho_n} F_{\eta_n}\left(\frac{1}{\varrho_n}\right) = \frac{1}{H_n}\left(\frac{l_n^3}{12\,\varrho_n^2} - \frac{l_n\,k_n}{\varrho_n^2\,\beta_n^2}\right), \tag{53 d}$$

worin β_n^2 und k_n die Bezeichnungen nach Gl. (15) bedeuten. Die δ_{np}-Werte für verschiedene Lastfälle sind berechnet und zusammengestellt worden[L].

Zur Ableitung der Gl. für das Versteifungskabel wollen wir zwei Fälle unterscheiden.

Fall a: Das Versteifungskabel sei mit der Vorspannung $S'_{no} = H'_{no}$ waagerecht gespannt, was praktisch natürlich nicht ausführbar ist. In diesem Fall haben wir

$$X'_n \frac{\bar{l}_n}{E'_k F'_{kn}} \pm \alpha_t\, t\, \bar{l}_n = \Delta\, \bar{l}_n$$

oder

$$\underline{X'_n\, \delta'_n \pm \delta'_{nt} = \Delta\, \bar{l}_n}\,, \tag{54}$$

wenn wir die Bezeichnungen einführen:

$$\delta'_n = \frac{\bar{l}_n}{E'_k F'_{kn}} \tag{55 a}$$

$$\delta'_{nt} = \alpha_t\, t\, \bar{l}_n. \tag{56 a}$$

Fall b: Das Versteifungskabel vom Gewicht g'_n t/m ist mit dem Anfangspfeil f'_n frei an den Pylonen gehängt. Da die Kurve sehr flach ist, kann man die Kettenkurve gleich der Parabel setzen. Die Zugkraft bei der unbelasteten Brücke beträgt also

$$H'_{no} = \frac{g'_n \bar{l}_n^2}{8 f'_n}\,. \tag{57}$$

Infolge der Temperaturänderung und der Pylonenverschiebungen ändern sich $\bar{l}_n$ um $\Delta\,\bar{l}_n$ und f'_n um $\Delta f'_n$. Dabei ergibt sich die Zugkraft zu

$$H'_{no} + X'_n = \frac{g'_n (\bar{l}_n + \Delta \bar{l}_n)^2}{8\,(f'_n + \Delta f'_n)} \sim \frac{g'_n\, \bar{l}_n^2}{8 f'_n}\left(1 - \frac{\Delta f'_n}{f'_n}\right).$$

Die Subtraktion der Gl. (57) von dieser Gl. liefert

$$X'_n = -\frac{g'_n \bar{l}_n^2}{8 f'^2_n}\, \Delta f'_n\,. \tag{58}$$

Es gilt nun andererseits auch Gl. (50), die im vorliegenden Fall die Beziehung liefert[1]

$$X'_n \frac{L'_n}{E'_k F'_{kn}} \pm \alpha_t\, t\, L'_{nt} - \frac{16}{3}\frac{f'_n}{\bar{l}_n}\, \Delta f'_n = \Delta\, \bar{l}_n\,. \tag{59}$$

Führt man den Ausdruck für $\Delta f'_n$ aus Gl. (58) in (59) ein, so ergibt sich mit den Bezeichnungen

$$\delta'_n = \frac{L'_n}{E'_k\, F'_{kn}} + \frac{128}{3 g'_n}\left(\frac{f'_n}{\bar{l}_n}\right)^3 \tag{55 b}$$

und

$$\delta'_{nt} = \alpha_t\, t\, L'_{nt} \tag{56 b}$$

ebenfalls die Bedingungsgleichung (54).

Wir haben bisher die Verformung und das Gleichgewicht der Pylone, des Hängegurtes und des Versteifungskabels untersucht und dabei drei grundlegende Gln. abgeleitet, nämlich die Gln. (49), (52) und (54). Diese Gln. enthalten vier Unbekannte:

$$X_n,\ X'_n,\ \Delta\, \bar{l}_n \text{ und } \xi_n\,.$$

Es fehlt nun noch die vierte Gl. Diese ergibt sich aus der geometrischen Bedingung

$$\Delta\, \bar{l}_n = \xi_n - \xi_{n-1}\,. \tag{60}$$

Die Einführung der Gl. (49) in diese Gl. liefert somit

$$\varepsilon_n (X_{n+1} + X'_{n+1}) - (\varepsilon_n + \varepsilon_{n-1})(X_n + X'_n) + \varepsilon_{n-1}(X_{n-1} + X'_{n-1}) = \Delta\, \bar{l}_n\,. \tag{61}$$

---

[1]) In den Gln. (58) und (59) hätte man die Glieder mit $\Delta f'_n$ von höheren Potenzen ohne weiteres berücksichtigen können. Dies führt jedoch zum nicht linearen Gleichungssystem für X'_n und X_n, wovon wir hier Abstand nehmen wollen.

Aus den drei Gln. (52), (54) und (61) lassen sich dann durch Eliminieren die Gln. für X_n, X'_n und $\Delta \bar{l}_n$ aufstellen. Wir erhalten zunächst durch das Gleichsetzen der beiden ersten Gln. die Beziehung zwischen X_n und X'_n zu

$$X'_n = X_n \frac{\delta_n}{\delta'_n} - \frac{\delta_{np} \mp \delta_{nt} \pm \delta'_{nt}}{\delta'_n} . \tag{62}$$

Setzen wir diesen Ausdruck für X'_n und denjenigen für Δl_n aus Gl. (52) in Gl. (61) ein, so ergibt sich mit

$$\mu_n = \frac{\delta_n}{\delta'_n} \tag{63}$$

$$Z_n = \delta_{np} \mp \delta_{nt} \pm \delta'_{nt} \tag{64}$$

die Gleichung für X_n

$$\begin{aligned} \varepsilon_{n-1}(1+\mu_{n-1})X_{n-1} - [\delta_n + (1+\mu_n)(\varepsilon_{n-1}+\varepsilon_n)]X_n + \varepsilon_n(1+\mu_{n+1})X_{n+1} = \frac{Z_{n-1}}{\delta'_{n-1}}\varepsilon_{n-1} - \\ -(\delta_{np} \mp \delta_{nt}) - \frac{Z_n}{\delta'_n}(\varepsilon_{n-1}+\varepsilon_n) + \frac{Z_{n+1}}{\delta'_{n+1}}\varepsilon_n . \end{aligned} \tag{65}$$

oder abgekürzt:

$$a_n X_{n-1} + b_n X_n + c_n X_{n+1} = B_n . \tag{65}$$

Wir erhalten somit dreigliedrige Gln. zur Bestimmung von X. Es läßt sich für jede Öffnung eine solche Gl. aufstellen, so daß die r unbekannten Größen X aus r Gln. berechnet werden können. Die erste und die letzte Gl. enthalten nur zwei Unbekannte. Das Gleichungssystem läßt sich allerdings nicht unmittelbar lösen, weil man bei der Ermittlung der Beiwerte a, b, und c sowie des Belastungsgliedes B die Größen $H = H_g + X$ schon kennen muß. Die Lösung kann also nur versuchsweise ermittelt werden, indem man mit den angenommenen X-Werten die Größen a, b, c und B berechnet und dafür das Gleichungssystem löst. Hierbei wählt man zweckmäßigerweise zunächst für alle Öffnungen dasselbe X, nämlich H_p aus der üblichen Theorie II. Ordnung. Ergeben sich große Abweichungen zwischen der Annahme und dem Lösungsergebnis, so ist der Rechnungsgang zu wiederholen, was meist unterbleiben kann. Mit dem bekannten $X = H_p$ lassen sich dann X' nach Gl. (62), ξ nach Gl. (49) sowie die Schnitt- und Formänderungsgrößen[L] ohne weiteres berechnen.

Nachdem wir die Aufgabe in einer ganz allgemeinen Form gelöst haben, wollen wir im folgenden die einzelnen Sonderfälle durchsprechen.

S o n d e r f a l l (a). Die Elastizitäten ε der Pylonen sind nahezu gleich und die Verankerung ist unnachgiebig: $\varepsilon_n = \varepsilon$, $\varepsilon_0 = \varepsilon_r = 0$.

In diesem Fall kann man die Gl. (61) für die Innenöffnungen in der Form

$$\Delta \bar{l}_n = \varepsilon \Delta^2 (X + X')_n \tag{61 a}$$

und für die Endöffnungen

$$\begin{aligned} \Delta \bar{l}_1 &= \varepsilon \Delta (X + X')_1 \\ \Delta \bar{l}_r &= \varepsilon \Delta (X + X')_{r-1} \end{aligned} \tag{61 a)'}$$

schreiben. Dementsprechend lautet die Gl. für X in den Innenöffnungen

$$\varepsilon \Delta^2 [X(1+\mu)]_n - \delta_n X_n = \varepsilon \Delta^2 \left(\frac{Z}{\delta'}\right)_n - (\delta_{np} \mp \delta_{nt}) \tag{65 a}$$

und in den Endöffnungen

$$\begin{aligned} \varepsilon \Delta [X(1+\mu)]_1 - \delta_1 X_1 &= \varepsilon \Delta \left(\frac{Z}{\delta'}\right)_1 - (\delta_{1p} \mp \delta_{1t}) \\ \varepsilon \Delta [X(1+\mu)]_{r-1} + \delta_r X_r &= \varepsilon \Delta \left(\frac{Z}{\delta'}\right)_{r-1} + (\delta_{rp} \mp \delta_{rt}) . \end{aligned} \tag{65 a)'}$$

S o n d e r f a l l b: Die Pylonen sind sehr nachgiebig, so daß man näherungsweise $\varepsilon = \infty$ setzen kann. Das bedeutet statisch, daß in Gl. (44) die Kraft W aus Gl. (45) gleich Null gesetzt wird. Im vorliegenden Fall kommt statt Gln. (49) und (61) folgende Beziehung aus Gl. (44)

$$X_{n+1} + X'_{n+1} = X_n + X'_n = \; . \; . \; . \; . = Y \tag{66}$$

zur Geltung. Durch Kombinieren dieser Gln. mit Gl. (62) erhalten wir unter Benutzung der Bezeichnungen nach Gln. (63) und (64) den Ausdruck

$$X_n(1+\mu_n) - Y = \frac{Z_n}{\delta'_n}. \tag{67}$$

Man kann für r Öffnungen r solche Gleichungen anschreiben. Es sind jedoch $r+1$ Unbekannte zu berechnen, nämlich X_1 bis X_r und Y. Die $(r+1)$te Gl. liefert die geometrische Bedingung

$$\sum_1^r \Delta \bar{l} = 0, \tag{68}$$

weil die beiden Verankerungspunkte 0 und r sich nicht verschieben. Diese Bedingung entspricht der Gl. (60) im allgemeinen Fall, die wir hier jedoch nicht mehr haben benutzen können. Führt man Gl. (52) in diese Gl. ein, so ergibt sich

$$\sum_1^r X_n \delta_n = \sum_1^r (\delta_{np} \mp \delta_{nt}). \tag{69}$$

Diese Gl. und Gl. (67) bilden ein Gleichungssystem, aus dem X_1 bis X_r und Y berechnet werden können. Man kann indessen das Gleichungssystem (67) vereinfachen, indem man Y durch die Differenzenbildung eliminiert. Es ergibt sich

$$X_n(1+\mu_n) - X_{n-1}(1+\mu_{n-1}) = \frac{Z_n}{\delta'_n} - \frac{Z_{n-1}}{\delta'_{n-1}}. \tag{70}$$

Man kann $r-1$ solche Gln. für $n = 2$ bis r aufstellen. Aus diesem Gleichungssystem und der Gl. (69) lassen sich dann X_1 bis X_r ermitteln.

2. Systeme ohne Versteifungskabel.

Wir haben bisher Hängebrücken mit Versteifungskabeln behandelt. Die Gln. für Systeme ohne Versteifungskabel lassen sich nun sehr einfach anschreiben. Es fallen nämlich in den im vorhergehenden Abschnitt abgeleiteten Gln. alle mit Strich versehenen Größen V', X', δ'_n fort. Wir erhalten dann statt Gln. (49) und (61)

$$\xi_n = \varepsilon_n (X_{n+1} - X_n) \tag{71}$$

$$\varepsilon_n X_{n+1} - (\varepsilon_n + \varepsilon_{n-1}) X_n + \varepsilon_{n-1} X_{n-1} = \Delta \bar{l}_n. \tag{72}$$

Die Verbindung dieser Gl. mit Gl. (52) liefert dann an Stelle der Gl. (65) das folgende Gleichungssystem

$$\varepsilon_{n-1} X_{n-1} - (\delta_n + \varepsilon_{n-1} + \varepsilon_n) X_n + \varepsilon_n X_{n+1} = -(\delta_{np} \mp \delta_{nt}). \tag{73}$$

Diese Gl. kann man auch unmittelbar aus Gl. (65) erhalten, wenn man darin $\delta' = \infty$ und hierfür nach Gl. (63) $\mu = 0$ einsetzt. Bemerkenswert ist es, daß hier ebenfalls ein dreigliedriges Gleichungssystem vorliegt. Nun wollen wir auch kurz die Sonderfälle beim vorstehenden System besprechen.

S o n d e r f a l l a: $\varepsilon_n = \varepsilon_{n+1} = \cdots = \varepsilon, \quad \varepsilon_0 = \varepsilon_r = 0$.

Hierfür erhalten wir aus Gl. (65 a) oder Gl. (73) das Gleichungssystem für die Innenöffnungen

$$\varepsilon \Delta^2 [X]_n - \delta_n X_n = -(\delta_{np} \mp \delta_{nt}). \tag{73 a}$$

Für die Endöffnungen gilt:

$$\left.\begin{aligned} \varepsilon \Delta [X]_1 - \delta_1 X_1 &= -(\delta_{1p} \mp \delta_{1t}) \\ \varepsilon \Delta [X]_{r-1} + \delta_r X_r &= (\delta_{rp} \mp \delta_{rt}). \end{aligned}\right\} \quad (73\text{ a})'$$

S o n d e r f a l l b: $\varepsilon_n = \varepsilon_{n+1} = \ldots = \infty, \quad \varepsilon_0 = \varepsilon_r = 0$.

Man erkennt aus Gl. (66), daß in diesem Fall $X = H_p$ in allen Öffnungen gleich groß ist. Die Gl. (69) geht somit in die H_p-Gleichung (10) der üblichen Theorie II. Ordnung über. Wir erkennen aus den vorangehenden Ableitungen, daß die Bestimmungsgleichung für H_p in der üblichen Verformungstheorie die einfachste unter allen ist.

Es sei nun noch darauf hingewiesen, daß die in diesem und vorhergehendem Abschnitt abgeleiteten Gln. für X bei symmetrischen Systemen natürlich durch Ausnutzung der Symmetrie vereinfacht werden. Hierauf wollen wir jedoch an dieser Stelle nicht eingehen. Es soll später am Beispiel gezeigt werden.

B. Hängebrücken mit durchlaufendem Versteifungsträger.

Wir wollen im folgenden das System über r-Öffnungen behandeln, dessen Versteifungsträger über alle Öffnungen durchläuft und über die ganze Trägerlänge am Hängegurt aufgehängt ist. Die Schnitt- und Formänderungsgrößen eines solchen Versteifungsträgers infolge der Belastung p lassen sich in den in Abb. (12 a) bis (12 d) veranschaulichten vier Teilen zerlegen. Dementsprechend kann man die Biegefläche F_η aus vier Teilen zusammengesetzt denken. Die in Abb. (12a) und (12c) dargestellten beiden Teile sind gleich denjenigen des entsprechenden einfeldrigen Versteifungsträgers. Dies haben wir schon im Abschnitt A berechnet. Es brauchen also nur zusätzlich die Biegeflächen infolge der Stützmomente $M\,(p)$ nach Abb. (12b) und $M\,(X\,y'')$ nach Abb. (12d) ermittelt zu werden. Diese ergeben sich für die Öffnung n zu

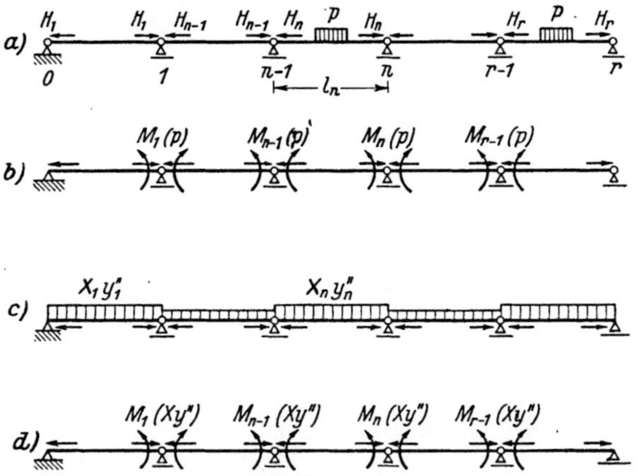

Abb. 12a—d.

$$F_{\eta_n}(M_p) = \frac{l_n\,k_n}{2\,H_n}\,[M_{n-1}(p) + M_n(p)] \tag{74}$$

$$F_{\eta_n}[M(X\,y'')] = \frac{l_n\,k_n}{2\,H_n}\,[M_{n-1}(X\,y'') + M_n(X\,y'')]\,, \tag{75}$$

worin k die Abkürzung nach Gl. (15) bedeutet.

Die Momente $M\,(p)$ lassen sich ohne weiteres aus den Elastizitätsgleichungen berechnen, wenn p bekannt ist und die achsialen Zugkräfte $H_n = H_{ng} + X_n$ zunächst näherungsweise angenommen sind. Hierfür gilt das beim einfeldrigen Versteifungsträger Gesagte. Wir wollen hierauf nicht eingehen und möchten sie weiterhin kurz mit $M\,(p)$ bezeichnen. Für die Berechnung der Momente $M\,(X\,y'')$ nimmt man zunächst die gleichen Werte H_n wie oben an. Das Ergebnis läßt sich in der folgenden Form angeben:

$$M_n(X\,y'') = \beta_{n1}\,X_1 + \cdot\cdot\cdot + \beta_{nn}\,X_n + \cdot\cdot\cdot + \beta_{nr}\,X_r = \sum_{i=1}^{r} \beta_{ni}\,X_i\,. \tag{76}$$

Dieser Ausdruck kann aber auch folgendermaßen geschrieben werden:

$$M_n(X\,y'') = X_n \sum_{i=1}^{r} \beta_{ni}\,\frac{X_i}{X_n}\,.$$

Bezeichnen wir

$$c_{ni} = \frac{X_i}{X_n}\,, \tag{77}$$

das aus den angenommenen X-Werten ermittelt wird (im ersten Rechnungsgang wird $X_1 = X_2 = \ldots = X_n$ angenommen und hierfür ist $c = 1$), und

$$\sum_{i=1}^{r} \beta_{ni}\,c_{ni} = m_n\,, \tag{78}$$

so läßt sich die vorhergehende Gl. in

$$M_n(X\,y'') = X_n\,m_n \tag{79}$$

schreiben. Die Einführung dieses Ausdruckes in Gl. (75) liefert dann

$$F_{\eta_n}[M(X\,y'')] = \frac{l_n\,k_n}{2\,H_n}\,(m_n + m_{n-1}\,c_{n,\,n-1})\,X_n\,. \tag{80}$$

Nun kommen wir zurück zur Grundgleichung (50) für den Hängegurt. Wir haben seinerzeit aus dieser Gl. die Gl. (52) mit den Bezeichnungen nach Gln. (53 a) bis (53 c) abgeleitet. Dabei waren $F_{\eta_n}(M_p)$ und $F_{\eta_n}[M(Xy'')]$ nicht berücksichtigt, weil der Versteifungsträger einfeldrig ist. Für das vorliegende System mit durchlaufendem Versteifungsträger kann nun die Gl. (52) ebenso gut gelten, wenn wir in Gln. (53 a) und (53 b) die Biegefläche infolge der Stützenmomente hinzufügen. Wir erhalten also für den vorstehenden Fall

$$\delta_n = \frac{L_n}{E_k F_{kn}^0} + \frac{1}{\varrho_n}\left[F_{\eta_n}\left(\frac{1}{\varrho_n}\right) - \frac{l_n k_n}{2 H_n}(m_n + m_{n-1} c_{n,n-1})\right] \qquad (53\text{ a})'$$

$$\delta_{np} = \frac{1}{\varrho_n}\left[F_{\eta_n}(p) + \frac{l_n k_n}{2 H_n} M_{n-1}(p) + M_n(p)\right]. \qquad (53\text{ b})'$$

Der Ausdruck Gl. (53 c) bleibt unverändert, weil er vom Versteifungsträger unabhängig ist.

Da die Kontinuität des Versteifungsträgers nur einen unmittelbaren Einfluß auf die Bedingungsgleichung für den Hängegurt, also nicht für die Pylonen und die Versteifungskabel, ausübt, bleiben somit alle im vorhergehenden Abschnitt abgeleiteten Gln. erhalten. Der Unterschied zwischen dem einfeldrigen und durchfaufenden Versteifungsträger besteht also nur in Gln. (53 a) und (53 a)' sowie (53 b) und (53 b)'. Damit haben wir das vorliegende System erledigt.

Zahlenbeispiel 2.

Wir wollen die im Beispiel 1 behandelte Brücke mit derselben Belastung für die nachstehenden drei Fälle untersuchen:

1. Versteifungskabel nicht vorhanden, Pylonen gelenkig gelagert,
2. Versteifungskabel nicht vorhanden, Pylonen eingespannt gelagert,
3. Versteifungskabel vorhanden, Pylonen eingespannt gelagert. Die Höhe der beiden Pylonen sei in drei Fällen gleich h = 160 m.

Wir bezeichnen im folgenden die drei Öffnungen von links nach rechts 1, 2 und 3. Es sind dann

$$L_1 = L_3 = 321{,}4\text{ m} \qquad L_2 = 830{,}7\text{ m}$$
$$L_{1t} = L_{3t} = 310{,}0\text{ m} \qquad L_{2t} = 803{,}8\text{ m}.$$

Hieraus folgt nach Gl. (53 c) sowie Gl. (53 a) und (53 d) mit $\varrho = 808{,}2$ m:

$$10^4\,\delta_{1t} = 930\text{ m}, \qquad 10^4\,\delta_{2t} = 2411\text{ m},$$

$$10^4\,\delta_1 = 0{,}310 + \frac{1}{H_1}\left(23693 - 4{,}0486\,\frac{k_1}{\beta_1^2}\right),$$

$$10^4\,\delta_2 = 0{,}800 + \frac{1}{H_2}\left(538240 - 11{,}4822\,\frac{k_2}{\beta_2^2}\right).$$

Da das vorliegende System (mit und ohne Versteifungskabel) symmetrisch ist und die Elastizität der beiden Pylonen, wie wir später sehen werden, ohne weiteres gleichgesetzt werdex kann, sind die H_p-Kräfte in den beiden Endöffnungen, d. h. X_1 und X_3, bei einer beliebigen lotrechten Belastung in der Mittelöffnung einander gleich. Infolgedessen brauchen wir δ_3 nicht anzuschreiben.

1. Versteifungskabel nicht vorhanden. Pylonen gelenkig gelagert.

Aus der Berechnung nach der üblichen Theorie II. Ordnung (siehe Beispiel 1) erhielten wir die Kraft

$$H = 24\,645\text{ t}$$

und die Neigungen des Kabels links und rechts an der Pylone 1 und zu 2

$$\operatorname{tg}\varphi_{1l} = \operatorname{tg}\varphi_{2r} = 0{,}484,$$
$$\operatorname{tg}\varphi_{1r} = 0{,}491 \quad\text{und}\quad \operatorname{tg}\varphi_{2l} = 0{,}451.$$

Hieraus ergeben sich die Auflagerdrücke A_1^0 und A_2^0 oben auf der Pylone 1 und 2 zu

$$A_1^0 = H(\operatorname{tg}\varphi_{1l} + \operatorname{tg}\varphi_{1r}) = 24\,030\text{ t},$$
$$A_2^0 = H(\operatorname{tg}\varphi_{2l} + \operatorname{tg}\varphi_{2r}) = 23\,044\text{ t}.$$

Da der Einfluß der Pylonenelastizität an sich sehr klein ist (siehe später), können wir ruhig

$$A_1^0 = A_2^0 = A^0 = 24\,000\text{ t}$$

setzen. Das Gewicht der Pylone aus Stahl wird zu $G = 4000$ t geschätzt. Damit ergibt sich nach Gl. (46 c) und (48)

$$A = A^0 + \frac{G}{2} = 26\,000 \text{ t}$$

$$\varepsilon_1 = \varepsilon_2 = \varepsilon = -\frac{h}{A} = -\frac{160}{26000} = -61{,}50 \cdot 10^{-4} \text{ m/t}\,.$$

Nach Gln. (73 a)′ und (73 a) lautet das Gleichungssystem für X im vorliegenden Fall wegen $\delta_{1p} = 0$ und $X_1 = X_3$ folgendermaßen:

$$-(\varepsilon + \delta_1)\, X_1 + \varepsilon\, X_2 = \delta_{1t}$$
$$2\,\varepsilon\, X_1 - (2\,\varepsilon + \delta_2)\, X_2 = -\delta_{2p} + \delta_{2t}\,.$$

Bezeichnen

$$a_1 = \varepsilon + \delta_1 \quad \text{und} \quad a_2 = 2\,\varepsilon + \delta_2\,,$$

so lautet die Lösung

$$X_1 = \frac{\varepsilon\,\delta_{2p} - \varepsilon\,\delta_{2t} - a_2\,\delta_{1t}}{a_1\,a_2 - 2\,\varepsilon^2} = \frac{B_1}{N}$$
$$X_2 = \frac{a_1\,\delta_{2p} - a_1\,\delta_{2t} - 2\,\varepsilon\,\delta_{1t}}{N} = \frac{B_2}{N}\,.$$

Um δ_1, δ_2 und δ_{2p} ermitteln zu können, nehmen wir zunächst die aus der üblichen Theorie II. Ordnung gewonnenen Werte

$$X_1 = X_2 = 3632 \text{ t} \quad \text{und} \quad H_1 = H_2 = 24\,645 \text{ t} \;(H_{g1} = H_{g2} = 21\,013 \text{ t})$$

an. Hierfür betragen nach Beispiel 1

$$\beta_1^2 = \beta_2^2 = 1{,}067 \cdot 10^{-4}$$
$$k_1 = 0{,}358 \qquad k_2 = 0{,}742$$
$$HF_\eta\,(p) = 15\,922 \cdot 10^4.$$

Die Einführung dieser Zahlenwerte in die vorhin angeschriebenen Gln. für δ_1 und δ_2 sowie in Gl. (53 b) liefert

$$10^4\,\delta_1 = 0{,}720\,, \qquad 10^4\,\delta_2 = 19{,}400$$

und

$$\delta_{2p} = \frac{HF_\eta\,(p)}{\varrho\,H} = 7{,}9933 \text{ m}\,.$$

Damit erhalten wir

$$a_1 = (\varepsilon + \delta_1) = -60{,}780 \cdot 10^{-4}$$
$$a_2 = (2\,\varepsilon + \delta_2) = -103{,}600 \cdot 10^{-4}$$

und schließlich

$$N = a_1\,a_2 - 2\,\varepsilon^2 = -12{,}677 \cdot 10^{-6}$$
$$B_1 = \varepsilon\,\delta_{2p} - \varepsilon\,\delta_{2t} - a_2\,\delta_{1t} = -46\,712{,}4 \cdot 10^{-6}$$
$$B_2 = a_1\,\delta_{2p} - a_1\,\delta_{2t} - 2\,\varepsilon\,\delta_{1t} = -45\,973{,}8 \cdot 10^{-6}$$
$$X_1 = \frac{B_1}{N} = 3685 \text{ t} > 3632, \quad \Delta\,H_{p1} = +53 \text{ t}\;(+1{,}46\%)$$
$$X_2 = \frac{B_2}{N} = 3627 \text{ t} > 3632, \quad \Delta\,H_{p2} = -5 \text{ t}\;(-0{,}14\%)\,.$$

Da das Ergebnis vom Ausgangswert wenig abweicht, können wir auf die Verbesserung des Ergebnisses verzichten. Die Änderungen von M_v und η_v infolge der kleinen Änderung von H_{p2}, nämlich $\Delta\,H_{p2}$, kann man ohne weiteres nach

$$\Delta\,M_v = \frac{\Delta\,H_{p2}}{H_p}\,M_v\,(H_p\,y'')$$
$$\Delta\,\eta_v = \frac{\Delta\,H_{p2}}{H_p}\,\eta_v\,(H_p y'')$$

berechnen, worin $M_v\,(H_p\,y'')$ und $\eta_v\,(H_p\,y'')$ das Moment und die Durchbiegung im Viertelspunkt für die Teillast $H_p\,y''$ nach der üblichen Theorie II. Ordnung bedeuten (siehe Zusammenstellung 1 des 1. Beispiels). Es ergab sich dann

$$\Delta M_v = -0{,}14\,\% \,(-35\,925) = 50 \text{ tm } (+0{,}08\,\%)$$
$$\Delta \eta_v = -0{,}14\,\% \,(-8{,}158) = 0{,}011 \text{ m } (+0{,}24\,\%).$$

Die waagerechte Verschiebung des Pylonenkopfes nach der Mittelöffnung beträgt nach der üblichen Theorie II. Ordnung im Beispiel 1

$$\xi = 0{,}354 \text{ m}$$

und in diesem Fall

$$\xi = \varepsilon\,(X_2 - X_1) = -61{,}50 \cdot 10^{-4}\,(-58)$$
$$= 0{,}357 \text{ m} > 0{,}354 \text{ m}. \quad \Delta \xi = +3 \text{ mm } (+0{,}85\,\%).$$

2. Versteifungskabel nicht vorhanden. Pylonen eingespannt gelagert.

Der vorliegende Fall unterscheidet sich vom vorangehenden nur in der Elastizität der Pylone ε. Die Pylonen mögen

$$E_p = 2100 \text{ t/cm}^2 \qquad J_p = 50 \text{ m}^4$$

aufweisen. Die Auflagerkraft für die Sattellager der beiden Pylonen wollen wir hier auch zu $A_1 = A_2 = A = 26\,000$ t nehmen. Damit ergibt sich nach Gln. (47 b) und (47 a)

$$\varepsilon^0 = \frac{h^3}{3 E_p J_p} = 13{,}00 \cdot 10^{-4} \text{ m/t}$$

$$P_k = \frac{\pi^2}{12}\frac{h}{\varepsilon^0} = 101\,230 \text{ t}$$

und

$$\varepsilon = \frac{1}{1 - \dfrac{A}{P_k}}\,\varepsilon^0 = 17{,}50 \cdot 10^{-4} \text{ m/t}\,.$$

Nehmen wir zunächst wieder $X_1 = X_2 = 3632$ t an, so bleiben die im 1. Fall berechneten Werte δ_1, δ_2 und δ_{2p} ungeändert, während sich nunmehr

$$a_1 = \varepsilon + \delta_1 = 18{,}22 \cdot 10^{-4}$$
$$a_2 = 2\,\varepsilon + \delta_2 = 54{,}40 \cdot 10^{-4}$$

ergeben. Damit erhalten wir

$$\mathrm{N} = a_1\,a_2 - 2\,\varepsilon^2 = 3{,}7867 \cdot 10^{-6}$$
$$B_1 = \varepsilon\,\delta_{2p} - \varepsilon\,\delta_{2t} - a_2\,\delta_{1t} = 13\,060{,}4 \cdot 10^{-6}$$
$$B_2 = a_1\,\delta_{2p} - a_1\,\delta_{2t} - 2\,\varepsilon\,\delta_{1t} = 13\,799{,}0 \cdot 10^{-6}$$
$$X_1 = \frac{B_1}{N} = 3449 \text{ t} < 3632 \text{ t}, \quad \Delta H_{p1} = -183 \text{ t } (-5{,}04\,\%),$$
$$X_2 = \frac{B_2}{N} = 3644 \text{ t} > 3632 \text{ t}, \quad \Delta H_{p2} = +12 \text{ t } (+0{,}33\,\%).$$

Für M_v und η_v in der Mittelöffnung ist ΔH_{p2} maßgebend. Da dies sehr klein ist, können wir von einer Wiederholung der Berechnung unter Zugrundelegung von neuen X-Werten absehen. Die Änderungen von M_v und η_v infolge ΔH_{p2} lassen sich wie im 1. Fall berechnen. Es ergab sich

$$\Delta M_v = -0{,}33\,\% \cdot 35\,925 = -119 \text{ tm } (-0{,}19\,\%)$$
$$\Delta \eta_v = -0{,}33\,\% \cdot 8{,}158 = -0{,}027 \text{ m } (-0{,}58\,\%).$$

Die Pylonenverschiebung ergibt sich aus

$$-W = X_2 - X_1 = 195 \text{ t}$$

zu

$$\xi = -\varepsilon\,W = 0{,}342 \text{ m} < 0{,}354 \text{ m}; \quad \Delta \xi = -12 \text{ mm } (-3{,}39\,\%).$$

3. Versteifungskabel vorhanden. Pylonen eingespannt gelagert.

Das Versteifungskabel in allen drei Öffnungen möge

$$E_k' = 1550 \text{ t/cm}^2, \quad F_k' = \frac{F_k}{20} = 335 \text{ cm}^2 \quad \text{und} \quad g' = 0{,}27 \text{ t/m}$$

aufweisen. Es soll frei durchgehängt sein mit dem Pfeil

$$f_1' = f_3' = 2{,}25 \text{ m}, \quad f_2' = 18{,}0 \text{ m}.$$

Hierfür betragen nach Gl. (57) die H_0'-Kraft des Versteifungskabels in allen Öffnungen $H_0' = 1055$ t und

$$L_1' = 328{,}0 \text{ m} \qquad L_{1t}' = 307{,}7 \text{ m}$$

$$L_2' = 753{,}5 \text{ m} \qquad L_{2t}' = 752{,}3 \text{ m}.$$

Nach Gln. (55 b) und (56 b)

$$\delta_1' = \frac{L_1'}{E_k' F_k'} + \frac{128}{3\,g'}\left(\frac{f_1'}{l_1}\right)^3 = 7{,}281 \cdot 10^{-4}$$

$$\delta_2' = \frac{L_2'}{E_k' F_k'} + \frac{128}{3\,g}\left(\frac{f_2'}{l_2}\right)^3 = 36{,}353 \cdot 10^{-4}$$

$$\delta_{1t}' = \alpha_t t\, L_{1t}' = 923 \cdot 10^{-4} \text{ m} \quad (t = +25^0 \text{ C})$$

$$\delta_{2t}' = \alpha_t t\, L_{2t}' = 2257 \cdot 10^{-4} \text{ m}.$$

Die Pylonen mögen dieselbe Elastizität wie im 2. Fall aufweisen, also $\varepsilon = 17{,}50 \cdot 10^{-4}$ m/t.

Da aus den am Anfang erläuterten Gründen der Symmetrie $X_1 = X_3$ und $X_1' = X_3'$ und ferner $\delta_{1p} = 0$ sind, lautet das Gleichungssystem für X nach Gln. (65 a)' und (65 a)

$$\varepsilon\,[X_2\,(1 + \mu_2) - X_1\,(1 + \mu_1)] - \delta_1 X_1 = \varepsilon\left[\frac{Z_2}{\delta_2'} - \frac{Z_1}{\delta_1'}\right] + \delta_{1t}$$

$$\varepsilon\,[2\,X_1\,(1 + \mu_1) - 2\,X_2\,(1 + \mu_2)] - \delta_2 X_2 = \varepsilon\left[\frac{2\,Z_1}{\delta_1} - \frac{2\,Z_2}{\delta_2'}\right] - (\delta_{2p} - \delta_{2t}).$$

Darin sind nach Gln. (63) und (64)

$$\mu_1 = \frac{\delta_1}{\delta_1'} \qquad Z_1 = -\delta_{1t} + \delta_{1t}'$$

$$\mu_2 = \frac{\delta_2}{\delta_2'} \qquad Z_2 = \delta_{2p} - \delta_{2t} + \delta_{2t}'.$$

Bezeichnen wir

$$\nu_1 = \frac{\varepsilon}{\delta_1'} = 2{,}4035, \qquad \nu_2 = \frac{\varepsilon}{\delta_2'} = 0{,}4814$$

$$a_1 = \varepsilon + (1 + \nu_1)\,\delta_1 = 17{,}50 \cdot 10^{-4} + 3{,}4035\,\delta_1$$

$$a_2 = \varepsilon + \nu_2\,\delta_2 = 17{,}50 \cdot 10^{-4} + 0{,}4814\,\delta_2$$

$$b_1 = 2\,\varepsilon + 2\,\nu_1\,\delta_1 = 35{,}00 \cdot 10^{-4} + 4{,}8070\,\delta_1$$

$$b_2 = 2\,\varepsilon + (1 + 2\,\nu_2)\,\delta_2 = 35{,}00 \cdot 10^{-4} + 1{,}9628\,\delta_2$$

$$C_1 = \delta_{1t} + \nu_1\,(\delta_{1t} - \delta_{1t}') - \nu_2\,(\delta_{2t} - \delta_{2t}') + \nu_2\,\delta_{2p} = 872 \cdot 10^{-4} + 0{,}4814\,\delta_{2p}$$

$$C_2 = \delta_{2t} - 2\,\nu_1\,(\delta_{1t} - \delta_{1t}') + 2\,\nu_2\,(\delta_{2t} - \delta_{2t}') - (1 + 2\,\nu_2)\,\delta_{2p} = 2527 \cdot 10^{-4} - 1{,}9628\,\delta_{2p},$$

so läßt sich das obige Gleichungssystem in

$$-a_1 X_1 + a_2 X_2 = C_1$$

$$b_1 X_1 - b_2 X_2 = C_2$$

anschreiben. Die Lösung lautet dann

$$X_1 = \frac{B_1}{N} \qquad \text{und} \qquad X_2 = \frac{B_2}{N},$$

wenn zur Abkürzung

$$N = a_1 b_2 - a_2 b_1$$

$$B_1 = -b_2 C_1 - a_2 C_2$$

$$B_2 = -a_1 C_2 - b_1 C_1$$

bezeichnen. Wir nehmen zunächst wieder $X_1 = X_2 = 3632$ t an und setzen die im 1. Fall berechneten Werte δ_1, δ_2 und δ_{2p} in die obigen Gln. ein. Es ergibt sich dann

$$10^4\,a_1 = 19{,}95 \qquad 10^4\,a_2 = 26{,}84$$

$$10^4\,b_1 = 38{,}46 \qquad 10^4\,b_2 = 73{,}08$$

$$10^4\,C_1 = 39\,351 \qquad 10^4\,C_2 = -154\,365.$$

Damit erhalten wir

$$10^6\,N = 4{,}2565$$

$$10^6\,B_1 = 12\,674$$

$$10^6\,B_2 = 15\,661$$

Hieraus ergeben sich die Kräfte im Hängegurt

$$X_1 = \frac{B_1}{N} = 2978\ \text{t}\,,$$

$$X_2 = \frac{B_2}{N} = 3679\ \text{t}$$

und nach Gl. (62) die Kräfte in Versteifungskabeln

$$X'_1 = X_1 \frac{\delta_1}{\delta'_1} - \frac{-\delta_{1t} + \delta'_{1t}}{\delta'_1} = 296\ \text{t}\,,$$

$$X'_2 = X_2 \frac{\delta_2}{\delta'_2} - \frac{\delta_{2p} - \delta_{2t} + \delta'_{2t}}{\delta'_2} = -231\ \text{t}.$$

Die waagerechte Kraft W und die seitliche Verschiebung der Pylone sind

$$-W = (X_2 + X'_2) - (X_1 + X'_1) = 174\ \text{t}$$

$$\xi = -\varepsilon W = 17{,}5 \cdot 10^{-4} \cdot 174 = 0{,}305\ \text{m}.$$

Das vorstehende Ergebnis wurde unter Benutzung des angenäherten Ausgangswertes $X_1 = X_2 = 3632$ t gewonnen. Um zu zeigen, daß die Berechnung gegen gewisse Fehler der angenommenen Werte X unempfindlich ist, wurden unter Zugrundelegung der neuen X-Werte δ_1, δ_2 und δ_{2p} ermittelt. Es ergaben sich (die Werte im ersten Rechnungsgang sind zum Vergleich in der Klammer angeführt):

$$10^4\,\delta_1 = 0{,}725\ (0{,}720)$$
$$10^4\,\delta_2 = 19{,}370\ (19{,}400)$$
$$10^4\,\delta_{2p} = 79\,799\ (79\,933)\,.$$

Damit erhalten wir die verbesserten Werte, die als endgültig angesehen werden können,

$X_1 = 2973\ \text{t} < 3632$, $\quad \Delta H_{p1} = -659\ \text{t}\ (-18{,}15\%)$,
$X_2 = 3676\ \text{t} > 3632$, $\quad \Delta H_{p2} = +44\ \text{t}\ (+1{,}21\%)$,
$X'_1 = 297\ \text{t}$, $\quad X'_2 = -232\ \text{t}$, $-W = 174\ \text{t}$,
$\xi = 0{,}310\ \text{m} < 0{,}354$, $\quad \Delta\xi = -44\ \text{mm}\ (-12{,}42\%)$.

Unter Zugrundelegung von $H_{p2} = 3676$ t, $H_2 = 24\,689$ t wurden M_v und η_v neu berechnet. Sie ergaben sich zu

$$M_v = 63\,158\ \text{tm} < 63\,645, \quad \Delta M_v = -487\ \text{tm}\ (-0{,}75\%)$$
$$\eta_v = 4{,}591\ \text{m} < 4{,}696\ \text{m}, \quad \Delta\eta_v = -105\ \text{mm}\ (-2{,}24\%).$$

Wenn man ΔM_v und $\Delta\eta_v$ näherungsweise wie im 1. und 2. Fall ermittelt, so betragen sie $-0{,}68\%$ und $-2{,}11\%$. Die Übereinstimmung mit den vorstehenden genauen Werten ist also ganz gut.

Zusammenstellung der Rechnungsergebnisse.

	übliche Theorie II. Ordnung	Fall 1 Δ %	Fall 2 Δ %	Fall 3 Δ %	Fall 3 Δ %[1]
H_{p1} t	3 632	1,46	−5,04	−18,15	−13,11
H_{p2} t	3 632	−0,14	0,33	1,21	0,88
M_v tm	63 645	0,08	−0,19	−0,75	−0,56
η_v mm	4 696	0,24	−0,58	−2,24	−1,66
ξ mm	354	0,85	−3,39	−12,42	−9,03

Die nebenstehenden Rechnungsergebnisse lassen sich wie folgt zusammenfassen:

1. Sowohl bei der Einspann- als auch bei der Pendelpylone sind die H-Kräfte in den verschiedenen Öffnungen unterschiedlich. Bei der Einspannpylone ist die H-Kraft in der Öffnung, nach der sich der Pylonenkopf verschiebt, größer als in der benachbarten Öffnung. Bei der Pendelpylone tritt der umgekehrte Fall ein. Der Unterschied der H-Kräfte zweier benachbarter Öffnungen ist bei der Einspannpylone größer.

2. Die H-Kraft in der belasteten Öffnung aus der Berechnung unter Berücksichtigung der Pylonenelastizität ist bei der Einspannpylone etwas größer und bei der Pendelpylone etwas kleiner als die H-Kraft aus der üblichen Theorie II. Ordnung. Der Unterschied ist gering, so daß er keine Bedeutung hat. In der unbelasteten Öffnung tritt der umgekehrte Fall ein, und zwar ist hier der Unterschied ziemlich groß. In der Berechnung derjenigen Schnitt- oder Formänderungsgrößen, für die die Belastung in den Nachbaröffnungen maßgebend ist, wird

[1]) Abweichung zwischen Fall 2 und 3. Sie stellt die Wirkung der Versteifungskabel dar.

also die Einspannpylone einen günstigen und die Pendelpylone einen ungünstigen Einfluß ausüben, und zwar ist dieser im ersten Fall größer als im zweiten Fall. Solche Größen kommen aber bei Hängebrücken kaum in Betracht, es sei denn, daß man z. B. zur Bemessung der Träger unter Berücksichtigung der Dauerbeanspruchung sowohl max M als auch min M der Querschnitte braucht.

3. Die Wirkung des Versteifungskabels mit $F_k' = \frac{1}{20} F_k$ ist sehr gering. Es kann nur ein ziemlich dickes Versteifungskabel einen nennenswerten Einfluß ausüben. Ob ein solches Versteifungskabel wirtschaftlich ist, bleibt dahingestellt.

Die Berechnung zeigt ferner, daß das Versteifungskabel um so wirksamer ist, je kleiner δ' wird, d. h. wie es aus Gl. (55 b) ersichtlich ist, je flacher es gespannt (f kleiner) wird. Den Grenzfall stellt das theoretisch waagerecht gespannte Versteifungskabel dar.

IV. Die Auswirkung der Längenänderungen der Hänger (Annahme 3).

Die Längenänderungen der Hänger infolge der Temperaturschwankung und der Beanspruchung durch die Verkehrslast hat H. Börner[1] auf ihre Auswirkung auf H_p und die Änderung der Schnittgrößen des Trägers infolge des geänderten H_p untersucht, wobei also die Differenz der Durchsenkungen des Hängegurtes und des Trägers nicht im Kräftespiel erfaßt wurde. H. Neukirch[2] berücksichtigte in seiner Arbeit über Hängebrücken mit einfeldrigen Versteifungsträgern auch diesen Nebeneinfluß, ohne jedoch seine Größe zu erörtern. F. Stüssi[3] hat die Aufgabe mit Hilfe der Differenzenrechnung auf dem Wege der Nachrechnung behandelt, indem er aus der für die starren Hänger durchgeführten Berechnung die Längenänderungen der Hänger ermittelte und sie nachträglich berücksichtigte. Die Größenordnung des Einflusses der Hängernachgiebigkeit hat A. Hertwig[4] erörtert. Die Verfasser haben in einer früheren Arbeit[5] ein allgemeines Verfahren entwickelt, das die Längenänderungen der Hänger auf einfache Weise in der Berechnung zu berücksichtigen gestattet und für Hängebrücken mit einfeldrigen und durchlaufenden Versteifungsträgern von konstantem und veränderlichem Trägheitsmoment anwendbar ist. Im folgenden wird das Verfahren gezeigt.

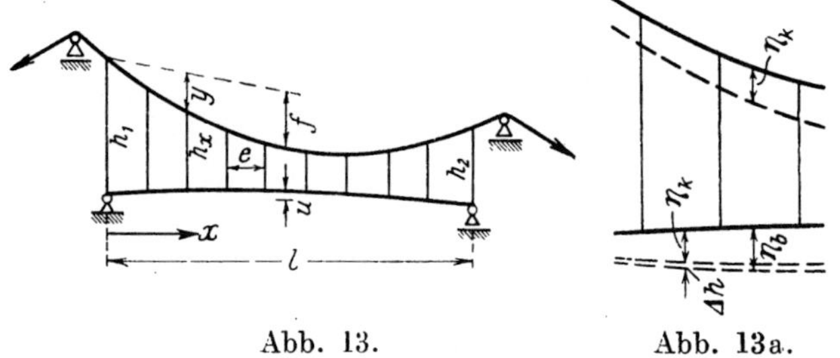

Abb. 13. Abb. 13a.

Die Differentialgleichungen des Kabels und des Versteifungsträgers lauten (Abb. 13 und 13 a):

$$-(H_g + H_p)(y + \eta_k)'' = g_k + p_k \tag{81}$$

$$(E J \eta_b'')'' = g_b + p_b\,. \tag{82}$$

Die Addition beider Gleichungen liefert unter Beachtung $g_k + g_b = g$, $p_k + p_b = p$ folgende Gleichung:

$$(E J \eta_b'')'' = p + g + (H_g + H_p)(y + \eta_k)''.$$

Unter der Annahme 1, daß die ständige Last g vom Kabel allein aufgenommen wird, und daß dabei der Versteifungsträger spannungslos ist, also $\eta_b = 0$ wird, geht diese Gleichung mit $H_g + H_p = H$ in

$$(E J \eta_b'')'' = p + H_p y'' + H \eta_b'' - H \Delta h'' \tag{83}$$

über, worin $\Delta h = \eta_b - \eta_k$ die Längenänderung des Hängers bedeutet.

[1] H. Börner: Beitrag zur Berechnung von Hängebrücken mit Berücksichtigung der Formänderungen. Dissertation Darmstadt, 1931.

[2] H. Neukirch: Berechnung der Hängebrücke bei Berücksichtigung der Verformung des Kabels. Ing.-Archiv, Band VII, 1936, Seite 140.

[3] Siehe Fußnote 3, S. 3.

[4] A. Hertwig: Einfluß der nachgiebigen Hängestangen auf die Berechnung der Hängebrücke. Stahlbau, 1941, H. 19/20.

[5] K. Klöppel und K. H. Lie: Berechnung von Hängebrücken nach der Theorie II. Ordnung unter Berücksichtigung der Nachgiebigkeit der Hänger. Stahlbau, 1941, Heft 19/20.

Mit den Bezeichnungen

$$h_x = \text{Länge der Hänger},$$
$$e = \text{Abstand der Hänger},$$
$$E_h = E\text{-Modul der Hänger},$$
$$F_h = \text{Querschnitt der Hänger},$$
$$\varepsilon = \frac{e}{E_h F_h} \text{ Dehnungszahl der Hänger} \tag{84}$$

haben wir

$$\Delta h = \frac{e\, p_k}{E_h F_h} \cdot h_x \pm \alpha_t t\, h_x = \varepsilon\, p_k\, h_x \pm \alpha_t t\, h_x . \tag{85}$$

Aus Gl. (81) ergibt sich, da darin $g_k = g = -H_g\, y''$ ist,

$$p_k = -H_p\, y'' - H\, \eta_k'' . \tag{86}$$

Hierin kann man zunächst belanglos $\eta_k = \eta_b$ setzen. Die Einführung dieses Ausdruckes in Gl. (85) liefert

$$\Delta h = -\varepsilon\, h_x (H_p\, y'' + H\, \eta_b'') \pm \alpha_t\, t\, h_x \tag{87}$$

und

$$\Delta h'' = -(\varepsilon\, H_p\, y''\, h_x + \varepsilon\, H\, h_x\, \eta_b'')'' \pm \alpha_t\, t\, h_x'' \tag{88}$$

Mit (s. Abb. 13)

$$\left.\begin{aligned} h_x &= h_1 - \frac{h_1 - h_2}{l} \cdot x - y - \frac{2u}{l} \cdot x \\ h_x'' &= -y'' \end{aligned}\right\} \tag{89}$$

geht obige Gleichung unter Berücksichtigung dessen, daß $\varepsilon\, H_p\, y''$ eine von x unabhängige Größe ist, in

$$\Delta h'' = \varepsilon\, H_p\, (y'')^2 - (\varepsilon\, H\, h_x\, \eta_b'')'' \mp \alpha_t\, t\, y'' \tag{88'}$$

über. Setzt man diesen Ausdruck für $\Delta h''$ in Gl. (83) ein, so erhält man nach einer einfachen Umformung

$$\left[E\, J \left(1 - \frac{\varepsilon H^2 h_x}{E J}\right) \eta_b''\right]'' = p + H_p\, y'' \left(1 - \varepsilon H y'' \pm \frac{H}{H_p} \alpha_t\, t\right) + H\, \eta_b''$$

oder

$$(E\, \bar{J}\, \eta_b'')'' = p + \nu\, H_p\, y'' + H\, \eta_b'' , \tag{90}$$

wenn man die Abkürzungen einführt:

$$\bar{J} = J\, \mu_x$$
$$\mu_x = 1 - \frac{\varepsilon H^2}{E J} \cdot h_x \tag{91 a}$$
$$\nu = 1 - \varepsilon\, y''\, H \pm \frac{H}{H_p} \alpha_t\, t . \tag{91 b}$$

Gl. (90) stellt nichts anderes dar als einen Träger, der das gedachte Trägheitsmoment $\bar{J}$ aufweist und durch die Querlasten p und $\nu\, H_p\, y''$ sowie die axiale Zugkraft H belastet ist. Wenn der Berechnung ohnehin ein veränderliches Trägheitsmoment J zugrunde liegt, so erfordert die Lösung der Gl. (90) gegenüber der üblichen Differentialgleichung der Hängebrücke, die $\Delta h = 0$ voraussetzt, keine nennenswerte Mehrarbeit, unabhängig davon, ob der Versteifungsträger einfeldrig oder durchlaufend ist.

Die nächste Aufgabe ist nun die Ermittlung von H_p. Die allgemeine Bestimmungsgleichung für H_p lautet nach Gl. (10):

$$H_p \cdot \frac{L}{E_k F_k^0} \pm \alpha_t\, t\, L_t + \Sigma y''\, F(\eta_k) = 0 , \tag{92}$$

worin $F(\eta_k)$ die Verschiebungsfläche des Kabels bedeutet. Diese ist nun nicht mehr gleich der Biegefläche $F(\eta_b)$ des Versteifungsträgers, sondern

$$F(\eta_k) = F(\eta_b) - F(\Delta h) , \tag{93}$$

worin $F(\Delta h)$ die Änderung der zwischen Kabel und Versteifungsträger begrenzten Fläche

$F\ (h)$ der Hängewand bezeichnen soll. Sie ergibt sich aus Gl. (87) zu

$$F\ (\Delta\ h) = -\int \varepsilon\ h_x\ (H_p\ y'' + H\ \eta_b'')\ d\ x \pm \int \alpha_t\ t\ h_x\ d\ x$$

oder mit

$$\eta_b'' = -\frac{M_x}{E J_x}$$

zu

$$F\ (\Delta\ h) = -\Sigma\ \varepsilon\ y''\ H_p\ F\ (h) + \int \frac{\varepsilon\ H}{E J_x} \cdot h_x\ M_x\ d\ x \pm \alpha_t\ t\ \Sigma\ F\ (h)\ .$$

In dieser Gleichung kann man das zweite Glied gegenüber dem ersten und letzten ohne weiteres vernachlässigen. Eine zahlenmäßige Verfolgung an dem im Schluß mitgeteilten Beispiel zeigt z. B., daß die Vorzahl $\frac{\varepsilon H}{E J}$ des Integrals $\int h_x\ M_p\ d\ x$ nur etwa ein Zehntel vom Beiwert $\varepsilon\ y''$ des Ausdrucks $H_p\ F\ (h)$ beträgt, und daß außerdem auch das Integral im Vergleich zu $H_p\ F\ (h)$ sehr klein ist, weil ja das Biegemoment zum Teil positiv und zum Teil negativ ausfällt. Die Vernächlässigung des zweiten Gliedes in der obigen Gleichung ist identisch mit dem Verzicht auf den zweiten Summanden in Gl. (86), und dies bedeutet statisch, daß die Kabellast p_k als gleichmäßig verteilt betrachtet wird. Daß man bei der Bestimmung von H_p nach der Theorie II. Ordnung von der ungleichmäßigen Verteilung der Last p_k absehen kann, wird später noch gezeigt. Außerdem handelt es sich im vorliegenden Falle nur um die Berechnung von $F\ (\Delta\ h)$, die an sich nur ein kleines Korrekturglied für H_p darstellt. Es sei aber erwähnt, daß das Integral sich auch ohne weiteres numerisch auswerten läßt, wenn man für den Fall der starren Hänger das Biegemoment M_x berechnet hat und darin einsetzt. Wir wollen jedoch hiervon Abstand nehmen und erhalten somit für Hängebrücken über mehrere Öffnungen

$$F\ (\Delta\ h) = -\varepsilon\ H_p\ \Sigma\ y''\ F\ (h) \pm \alpha_t\ t\ \Sigma\ F\ (h)\ .$$

Mit den Bezeichnungen nach Gl. (3) und $\lambda_i = \varrho_c : \varrho_i$ geht obiger Ausdruck in

$$F\ (\Delta\ h) = \frac{\varepsilon}{\varrho_c} \cdot H_p\ \Sigma\ \lambda\ F\ (h) \pm \alpha_t\ t\ \Sigma\ F\ (h) \tag{94}$$

über, worin sich die Summe über alle Öffnungen erstreckt.

Die Biegefläche $F\ (\eta_b)$ des Trägers setzt sich nach Gl. (90) aus zwei Teilen zusammen, der eine Teil $F\ \eta_b\ (p)$ infolge der Last p und der andere $F\ \eta_b\ (\nu\ y''\ H_p)$ infolge der Last $\nu\ y''\ H_p$. Dieser läßt sich auch schreiben

$$F\ \eta_b\ (\nu\ y''\ H_p) = -H_p\ F\ \eta_b \left(\frac{\nu}{\varrho}\right), \tag{95}$$

worin die Biegefläche $F\ \eta_b \left(\frac{\nu}{\varrho}\right)$ des Ersatzträgers infolge der Vollast $\left(\frac{\nu}{\varrho}\right) = -\nu\ y'' \cdot 1$, d. h. $H_p = 1$, bedeutet.

Führt man Gl. (94) und (95) in Gl. (93) und diese wieder in Gl. (92) ein, so ergibt sich die Bestimmungsgleichung für H_p zu

$$H_p = \frac{\Sigma\lambda\ F\ \eta_b\ (p) \mp \alpha_t\ t\ \varrho_c\ L_t \mp \alpha_t\ t\ \Sigma\lambda\ F\ (h)}{\frac{L\ \varrho_c}{E_k\ F_k^0} + \frac{\varepsilon}{\varrho_c}\ \Sigma\lambda^2\ F\ (h) + \Sigma\lambda\ F\ \eta_b \left(\frac{\nu}{\varrho}\right)}\ . \tag{96}$$

In der Gleichung erstreckt sich die Summe über alle am Kabel aufgehängten Trägerteile. Beim durchlaufenden Versteifungsträger ist im Summenausdruck von $F\eta_b$ auch die Biegefläche infolge der Stützenmomente zu berücksichtigen.

Mit Gl. (90) und (96) ist die Aufgabe ganz allgemein formuliert und auch gelöst. Es muß noch einiges zur praktischen Rechnung gesagt werden. Die Bestimmung von H_p nach Gl. (96) und die Lösung der Gl. (90) sowie die Ermittlung von μ und ν nach Gl. (91 a) und (91 b) setzen H als bekannt voraus. Da μ und ν nur sehr wenig von 1,0 (etwa 1% und weniger) abweichen, so genügt zu ihrer Ermittlung ein Näherungswert von H. Zur Berechnung von H_p und der Größen des Ersatzträgers kann man zwei oder drei Werte von $H_p + H_g = H$ annehmen. Daraus lassen sich dann das richtige H_p und die richtigen Schnitt- und Formänderungsgrößen des Ersatzträgers durch Interpolation bestimmen. Es muß noch betont werden, daß nur die

Formänderungsgrößen (Durchbiegung η_b, Biegewinkel τ_b und die Krümmungsradien r_b) des Ersatzträgers denjenigen des Versteifungsträgers gleich sind. Denn es befriedigen Gl. (83) für den Versteifungsträger nur die Lösungen $\eta_b, \tau_b = \eta_b'$ und $r_b = 1/\eta_b''$ aus Gl. (90) des Ersatzträgers, während die Momente und Querkräfte im Versteifungsträger $M = -E\,J\,\eta_b''$, $Q = (-E\,J\,\eta_b'')'$ zu denen im Ersatzträger $\overline{M} = -E\,\overline{J}\,\eta_b''$, $\overline{Q} = (-E\,\overline{J}\,\eta_b'')'$ sich wie $J : \overline{J} = \mu$ verhalten, also

$$M = \frac{\overline{M}}{\mu}\,, \qquad Q = \frac{\overline{Q}}{\mu}\,. \tag{97}$$

Die im vorstehenden dargelegte strenge Berücksichtigung der Längenänderungen von Hängern ist nur dann zu empfehlen, wenn man, wie bereits erwähnt, der Berechnung ohnehin ein veränderliches J des Trägers zugrunde legt. Im Falle des öffnungsweise konstanten Trägheitsmomentes läßt sich nun die Längenänderung der Hänger näherungsweise auf folgendem einfachen Weg erfassen.

Wie bereits erwähnt, weichen μ und ν nur wenig von 1,0 ab, und zu ihrer Ermittlung genügt durchaus ein Näherungswert von H. Nehmen wir hierfür $H = H_g + \frac{1}{2} \cdot \max H_p$, so sind dies für alle Lastzustände Festwerte. Setzen wir ferner in Gl. (91 a) für h_x die mittlere Länge h_m der Hänger in der betreffenden Öffnung, was praktisch ohne weiteres zulässig ist, dann wird auch das Ersatzträgheitsmoment

$$J = \overline{J}\,\mu_m = J\left(1 - \frac{\varepsilon H^2}{EJ} \cdot h_m\right) \tag{91)'$$

öffnungsweise konstant. Gl. (90) stellt somit einen einfeldrigen oder durchlaufenden stellvertretenden Träger mit öffnungsweise konstantem Trägheitsmoment dar, der durch die Querlasten p und $\nu\,y''\,H_p$ sowie die Axialzugkraft H belastet ist. Solche Träger lassen sich mit Hilfe der in der Arbeit[L] angegebenen Formeln leicht berechnen. Im folgenden wollen wir die H_p-Gleichung für den vorliegenden Fall in eine für den praktischen Gebrauch geeignete Form entwickeln.

Hierzu multiplizieren wir Gl. (92) mit ϱ_c und $H = E\,\overline{J}_c\,\beta_c^2$, um y'' von $F\eta$ zu entfernen und um die Formeln[L] für H-fache Biegefläche unmittelbar anwenden zu können. Die Einführung der Gl. (93) und (94) liefert dann

$$\left.\begin{aligned} &H_p\,\beta_c^2 \cdot \frac{E\,\overline{J}_c}{E_k\,F_k^0} \cdot \varrho_c\,L \pm \beta_c^2\,\alpha_t\,t\,E\,\overline{J}_c\,\varrho_c\,L_t - \sum \lambda\,H\,F\,\eta_b\,(\nu\,y''\,H_p) - \sum \lambda\,H\,F\,\eta_b\,(p) + \\ &\qquad + H_p\,\beta_c^2 \cdot \frac{\varepsilon\,E\,\overline{J}_c}{\varrho_c} \sum \lambda^2\,F\,(h) \pm \alpha_t t \sum \lambda\,F\,(h) = 0\,. \end{aligned}\right\} \tag{98}$$

Rechnet man den Ausdruck[L]

$$\sum \lambda\,H\,F\,\eta_b\,(\nu\,y''\,H_p) = \nu\,H_p \sum \lambda\,H\,F\,\eta_b\,(y'')$$

weiter aus, setzt ihn in Gl. (98) ein und löst diese nach H_p auf, so ergibt sich mit den Bezeichnungen nach Gl. (15) die Bestimmungsgleichung für Hängebrücken über mehrere Öffnungen mit einfeldrigen Trägern zu

$$H_p = \frac{1}{\nu} \cdot \frac{\sum \lambda\,H\,F\,\eta_b\,(p) \mp \beta_c^2\,\alpha_t\,t\,E\,\overline{J}_c\,\varrho_c\,\overline{L}_t}{\frac{2}{3} \sum \lambda f l - 8 \cdot \frac{f_c}{l_c} \cdot \frac{1}{\beta_c^2} \sum \lambda^2 \cdot \frac{l\,\overline{J}}{l_c\,\overline{J}_c} \cdot k + \frac{\beta_c^2}{\nu} \frac{E\,\overline{J}_c}{E_k\,F_k^0} \cdot \varrho_c\,\overline{L}}\,. \tag{99}$$

Darin bedeuten die Abkürzungen $\overline{L}$ und $\overline{L}_t$, die als Ersatzlängen angesehen werden können,

$$\overline{L} = L + \frac{E_k\,F_k\,\varepsilon}{E_h\,F_h} \sum \frac{F\,(h)}{\varrho^2}\,, \tag{100 a}$$

$$\overline{L}_t = L_t + \sum \frac{F\,(h)}{\varrho}\,, \tag{100 b}$$

und die Hängewandfläche berechnet sich nach Abb. 13 zu

$$F\,(h) = \frac{h_1 + h_2}{2}\,l - \frac{2}{3} f\,l - \frac{u\,l}{2}\,. \tag{100 c}$$

Für das dreifeldrige symmetrische System mit durchlaufenden Versteifungsträgern lautet die Gleichung (vgl. Gl. (14) und Abb. 1)

$$H_p = \frac{1}{\nu} \cdot \frac{\Sigma \lambda\, H\, F\, \eta_b(p) - \frac{l}{2} \cdot \frac{K}{\varphi} (\mathfrak{C}_1 + \mathfrak{C}_2) \mp \beta^2 \alpha_t\, t\, E\, \bar{J}\, \varrho\, \bar{L}_t}{\frac{2}{3} \cdot f l + \frac{4}{3} \cdot \lambda_1 f_1 l_1 - 8 \cdot \frac{f}{l} \cdot \frac{K_0'}{\beta^2} - 4 f \cdot \frac{K K'}{\varphi} + \beta^2 \cdot \frac{1}{\nu} \frac{E \bar{J}}{E_k F_k^0} \cdot \varrho\, \bar{L}} \tag{101}$$

Bei dem gleichen System mit einfeldrigen Versteifungsträgern fallen in der vorstehenden Gleichung die Glieder

$$\frac{l}{2} \frac{K}{\varphi} (\mathfrak{C}_1 + \mathfrak{C}_2) \text{ und } 4 f \frac{K K'}{\varphi}$$

fort (vgl. Gl. 13).

Das vorstehend entwickelte Verfahren zeigt, wie man durch die Einführung der Ersatzträgheitsmomente $\bar{J} = \mu J$ und eines Multiplikators ν der Teillast $y'' H_p$ die Nachgiebigkeit der Hänger bei der Berechnung von Hängebrücken nach der Theorie II. Ordnung erfaßt. In bezug auf die Formänderungen ist der Versteifungsbalken dem stellvertretenden Träger mit dem Ersatzträgheitsmoment $\bar{J}$, der durch die Querlasten p und $\nu y'' H_p$ sowie die Axialzugkraft $H = H_g + H_p$ belastet ist, vollkommen gleich, während die Schnittgrößen des Versteifungsträgers zu denen des Ersatzträgers sich wie J zu $\bar{J}$ verhalten.

Dieses Gedankenmodell kann man weiterhin auch zur Untersuchung des Einflusses der Trägerverformung infolge der Schubbeanspruchung (Annahme 6) anwenden [1]. Bezeichne G den Schubelastizitätsmodul, F den Stegblechquerschnitt des Versteifungsträgers, den man über die Trägerlänge konstant annehmen darf, so lautet unter der Annahme der gleichmäßigen Verteilung der Schubspannung über den Stegquerschnitt die Gl. der Biegelinie des Trägers

$$\eta'' = -\frac{M}{E J} + \frac{M''}{G F}$$

oder

$$(E J \eta'')'' = - M'' + \left(\frac{E J}{G F} M''\right)'' .$$

Mit $- M'' = p + H_p y'' + H \eta''$ geht diese Gl. in

$$\left[E J \left(1 + \frac{H}{G F}\right) \eta''\right]'' = p + H_p y'' + H \eta'' - \left[\frac{E J}{G F} (p + H_p y'')\right]'' \tag{102}$$

über. Das letzte Glied auf der rechten Seite der Gl. verschwindet bei konstantem p und y'' (quadratische Parabel) sowie J, was man auch bei veränderlichem J näherungsweise annehmen kann. Damit ergibt sich im vorliegenden Fall auch Gl. (90), wenn man darin $\nu = 1$ und das Ersatzträgheitsmoment

$$\bar{J} = J \left(1 + \frac{H}{G F}\right) \tag{103}$$

einsetzt.

Zahlenbeispiel 3.

Die im Beispiel 1 behandelte Brücke soll im folgenden untersucht werden [2]. Das Hängeseil möge $F_h = 80{,}0\ \text{cm}^2$, $E_h = 1600\ \text{t/cm}^2$ und den Abstand $e = 10{,}0$ m aufweisen. Damit ergibt sich nach Gl. (84) die Dehnungszahl der Hänger zu

$$\varepsilon = \frac{e}{E_h F_h} = 0{,}78 \cdot 10^{-4}\ \text{m/t}.$$

Die Hängewandfläche der Seiten- und Mittelöffnung beträgt nach der Einführung der Zahlenwerte in Gl. (100 c)

$$F_1(h) = 10\,140\ \text{m}^2, \quad F(h) = 23\,260\ \text{m}^2.$$

[1] Diesen Weg hat F. Wansleben in einer unveröffentlichten Zuschrift für die Zeitschrift „Der Stahlbau“ vom 9. X. 1941 eingeschlagen.

[2] Das gleiche System mit durchlaufendem Versteifungsträger wurde in der unter Fußnote 5, S. 27 angegebenen Arbeit untersucht.

Damit erhält man nach Gl. (100 a) und (100 b)

$$\bar{L} = 1473{,}4 + 54{,}0 = 1527{,}4 \text{ m}$$

$$\bar{L}_t = 1423{,}9 + 53{,}9 = 1477{,}8 \text{ m}.$$

Als die mittlere Länge der Hänger nehmen wir für die Seitenöffnung das h in der Feldmitte und für die Mittelöffnung das h im Viertelspunkt, also

$$h_{m1} = 34{,}65 \text{ m}, \qquad h_m = 23{,}75 \text{ m}.$$

Da im vorliegenden Fall sich die Untersuchung nur auf einen Lastfall beschränkt und der Näherungswert von H_p und H aus der üblichen Theorie II. Ordnung im Beispiel 1 schon bekannt ist, können wir zur Ermittlung der Beiwerte μ und ν nach Gl. (91 a) und (91 b) $H_p = 3632$ t und $H = 24\,645$ t aus Beispiel 1 nehmen. Es ergab sich

$$\mu_1 = 1 - \frac{\varepsilon H^2}{E J_1} h_{m1} = 0{,}9929$$

$$\mu = 1 - \frac{\varepsilon H^2}{E J} h_m = 0{,}9951$$

$$\bar{J}_1 = \mu_1 J_1 = 10{,}922 \text{ m}^4, \qquad \bar{J} = \mu J = 10{,}946 \text{ m}^4$$

und mit

$$t = +25^\circ \text{ C}, \qquad \alpha_t = 0{,}000012$$

erhielten wir

$$\nu = 1{,}0044, \qquad \frac{1}{\nu} = 0{,}9956.$$

Die Einführung der bekannten Zahlenwerte in Gl. (100), worin die Glieder $\frac{k}{2}\frac{k}{\varphi}(\mathfrak{C}_1 + \mathfrak{C}_2)$ und $4 f \frac{K K'}{\varphi}$ bei einfeldrigen Trägern gleich Null sind, liefert die Bestimmungsgleichung für H_p (vgl. die H_p-Gl. im Beispiel 1)

$$H_p = 0{,}9956 \frac{H F_\eta\,(p) - \beta^2\, 823{,}5 \cdot 10^8}{47333{,}6 - 0{,}9280 \dfrac{K_0'}{\beta^2} + \beta^2\, 2720{,}3 \cdot 10^4},$$

worin nach Gl. (15) für $\lambda_1 = 1$ (wegen $g_1 = g$)

$$K_0' = k + \frac{2 l_1 \bar{J}_1}{l \bar{J}} k_1 = k + 0{,}705\, k_1$$

beträgt. Damit kann man die Berechnung wie in der üblichen Theorie II. Ordnung durchführen (siehe die erste Teillösung im Beispiel 1). Für die angenommenen Werte $H_p = 3632$ t, $H = 24\,645$ t haben wir nach Gl. (15)

$$\beta^2 = \frac{H}{E \bar{J}} = 1{,}0722 \cdot 10^{-4}, \quad \beta = 1{,}0355 \cdot 10^{-2},$$

$$\beta_1^2 = \frac{H}{E \bar{J}_1} = 1{,}0745 \cdot 10^{-4}, \quad \beta_1 = 1{,}0366 \cdot 10^{-2},$$

$$\alpha = 3{,}8831, \qquad k = 0{,}742,$$

$$\alpha_1 = 1{,}3735, \qquad k_1 = 0{,}360, \qquad K_0' = 0{,}996.$$

Für die Belastungslänge $a = 303$ m und $b = l - a = 447$ m beträgt

$$\frac{a}{2}\beta = 1{,}5687 \qquad \mathfrak{Sin}\,\frac{a}{2}\beta = 2{,}2960$$

$$\frac{b}{2}\beta = 2{,}3143 \qquad \mathfrak{Cos}\,\frac{b}{2}\beta = 5{,}1083$$

$$\mathfrak{Cos}\,\alpha = 24{,}298.$$

Damit ergibt sich die H-fache Biegefläche $H F_\eta\,(p)$ nach derselben Formel wie im Beispiel 1 zu

$$H F_\eta\,(p) = 15\,932{,}1 \cdot 10^4.$$

Ferner ist $\beta^2 \cdot 823{,}5 \cdot 10^8 = 883{,}0 \cdot 10^4$. Wir erhalten somit den Nenner und den Zähler in der Hp-Gl. zu

$$N = 41\,629{,}6 \text{ und } Z = 15\,049{,}1 \cdot 10^4.$$

Hieraus folgt

$$H_p = 0{,}9956\, \frac{15\,049{,}1 \cdot 10^4}{41\,629{,}6} = 3599{,}1\ \text{t},$$

aufgerundet $H_p = 3600$ t. (Es wird deshalb aufgerundet, weil der Ausgangswert 3632 t etwas zu groß ist.) Von einer Verbesserung dieses Wertes können wir absehen. Damit können das Biegemoment $\overline{M}_v$ und die Durchbiegung $\overline{\eta}_v$ des stellvertretenden Trägers mit dem Ersatzträgheitsmoment $\overline{J}$ berechnet werden. Nach den bereits im Beispiel 1 benutzten Formeln ergibt sich für $H_p = 3600$ t und $H = 24\,613$ t

$$\overline{M}_v\,(p) = 99\,083\ \text{tm},\quad \overline{M}_v\,(\nu\, y'' H_p) = -\,35\,655\ \text{tm},$$

$$\overline{M}_v = \overline{M}\,(p) + \overline{M}_v\,(\nu y''\, H_p) = 63\,428\ \text{tm}\,.$$

Das Moment im Schnitt $x = l/4$ des gewöhnlichen einfeldrigen Balkens ($H = 0$) mit der Belastung p und $\nu\, y''\, H_p$ ist unabhängig von J des Trägers und beträgt

$$M_v^0 = M_v^0\,(p) - \nu\, y_v\, H_p = 416\,370 - 235\,933 = 180\,437\ \text{tm}.$$

Damit ergibt sich die Durchbiegung des Ersatzträgers zu

$$\overline{\eta}_v = \frac{M_v^0 - \overline{M}_v}{H} = 4{,}754\ \text{m}\,.$$

Die Durchsenkung des Versteifungsträgers ist gleich dem vorstehendem Wert, also

$$\eta_v = 4{,}754\ \text{m} > 4{,}696$$

$$\varDelta\, \eta_v = +\,0{,}058\ \text{m}\ (+\,1{,}24\,\%),$$

während das Biegemoment des Versteifungsträgers nach Gl. (97)

$$M_v = \frac{\overline{M}_v}{\mu} = 63\,740\ \text{tm} > 63\,645\ \text{tm}$$

$$\varDelta\, M_v = +\,95\ \text{tm}\ (+\,0{,}15\ \%)$$

beträgt.

Im Anschluß an dieses Beispiel sei auch der Einfluß der Schubverformung des Trägers kurz verfolgt. Der Versteifungsträger möge einen doppelwandigen Querschnitt mit den Stegblechen $8000 \cdot 25\ \text{mm}^2$ aufweisen, also

$$F = 2 \cdot 800 \cdot 2{,}5 = 4000\ \text{cm}^2.$$

Mit $G = 810\ \text{t/cm}^2$, $H = 24\,645$ t beträgt der Multiplikator des Ersatzträgheitsmomentes nach Gl. (103)

$$\mu = 1 + \frac{H}{G\,F} = 1{,}0076$$

μ ist also um 0,76% größer als eins.

Das Moment $\overline{M}_v$ des Ersatzträgers mit $\overline{J} = \mu\, J$ wird

$$\mu\, M_v > \overline{M}_v > M_v\,,$$

worin M_v das Moment des Trägers mit J nach der üblichen Theorie II. Ordnung (1. Teillösung im Beispiel 1) bedeutet. Da das Moment unter Berücksichtigung der Schubverformung $M_v' = \overline{M}_v/\mu$ ist, wird $M_v' < M_v$, und zwar $M_v : M_v' < \mu$.

Der Einfluß der Schubverformung ist also umgekehrt wie derjenige der Längenänderungen von Hängern. Größenordnungsmäßig sind sie beide aber ziemlich gleich.

V. Die Ungenauigkeiten in der H_p-Gleichung und ihre Auswirkung (Annahmen 7, 8 und 2).

Die Ungenauigkeit oder vielmehr die Genauigkeit der H_p-Gl. in der üblichen Theorie II. Ordnung wurde schon verschiedentlich erörtert[1,2]). Im folgenden wollen wir sie zusammenfassend untersuchen.

---

[1] F. Hartmann: Zur Theorie und Ausführung der Hängebrücken. Zeitschr. des österr. Ingenieur- und Architektenvereins 1934, S. 293.

[2] A. A. Jakkula: The theory of the suspension bridge. Abh. der I.V.B.H. Bd. 4 (1936) S. 333. Siehe ferner Fußnoten (1) und auf S. 27 und (3) auf S. 3.

A. Der Einfluß der Annahme (7).

Bei der Ableitung der Bestimmungsgleichung (10) für H_p in der üblichen Theorie II. Ordnung wurden die drei quadratischen Glieder in Gl. (5) $\Delta\, ds^2$, $d\xi^2$ und $d\eta^2$ im Vergleich zu den anderen als kleine Größen höherer Ordnung angesehen und vernachlässigt. Diese Vernachlässigung bedeutet statisch, daß man die von den Hängern auf den Hängegurt übertragenen Kräfte gleichmäßig verteilt annimmt[1]. Unter den drei quadratischen Gliedern ist $\Delta\, ds^2$ tatsächlich vernachlässigbar, während $d\xi^2$ und in erster Linie $d\eta^2$ an Bedeutung gewinnen können. Setzt man in Gl. (5) $\Delta\, ds^2 = 0$ und für $d\,\xi^2$ den Näherungswert aus Gl. (6) $d\,\xi^2 = (y' d\,\eta)^2$ ein, so ergibt sich

$$d\,\xi = \sec\varphi\, \Delta\, d\,s - y'\, d\,\eta - \frac{1}{2}\eta'\, d\,\eta - \frac{1}{2}\, y'^2\, \eta'\, d\,\eta\,. \tag{104}$$

In dieser Gl. stellen das vorletzte und das letzte Glied auf der rechten Seite die Verbesserung infolge der Berücksichtigung von $d\,\eta^2$ und $d\,\xi^2$ dar. Nehmen wir im letzten Glied statt y'^2 einen Mittelwert $y_m'^2$ der betreffenden Öffnung, so läßt sich aus Gl. (104) die folgende H_p-Gleichung wie Gl. (10) ableiten:

$$H_p \frac{L}{E_k F_k^0} + \alpha_t\, t\, L_t + \sum y'' \int_0^l \eta\, d\,x - \sum \frac{1 + y_m'^2}{2\,E} \int_0^l \frac{M\,\eta}{J}\, d\,x = 0\,, \tag{105}$$

worin $\eta'' = -\frac{M}{E\,J}$ eingesetzt wurde. Wird hieraus die Bestimmungsgleichung für H_p wie in der üblichen Theorie II. Ordnung[L] weiter entwickelt, so erhält man statt Gl. (13) und (14)

$$H_p = \frac{Z}{N}$$

die nachstehende Gleichung

$$H_p + \Delta\, H_p = \frac{Z}{N} + \sum \frac{(1 + y_m'^2)\, \beta_c^2\, \varrho_c}{2\,N} \int_0^l M\eta\, d\,x'\,, \tag{106}$$

worin

$$\beta_c^2 = \frac{H}{E\,J_c}\,, \qquad d\,x' = \frac{J_c}{J}\, d\,x \tag{107}$$

bedeuten. Hieraus erkennt man, daß die Berücksichtigung der Glieder $d\eta^2$ und $d\,\xi^2$ sich in

$$\Delta\, H_p = \frac{\beta_c^2\, \varrho_c}{2\,N} \Sigma\, (1 + y_m'^2) \int_0^l M\eta\, d\,x' \tag{108}$$

ausdrückt. Darin erstreckt sich die Summe über alle am Hängegurt aufgehängten Öffnungen.

Zur Ermittlung von $\Delta\, H_p$ kann man für β_c^2, N, M und η ohne weiteres die Werte aus der üblichen Theorie II. Ordnung nehmen. Das Integral läßt sich numerisch auswerten. Die Schnitt- und Formänderungsgrößen des Versteifungsträgers infolge der Zusatzbelastung $\Delta\, H_p\, y''$ können unmittelbar aus der bereits gefundenen Lösung für die Teillast $y''\, H_p$ in der üblichen Theorie II. Ordnung ermittelt werden, wenn man den Einfluß der Änderung von H ($H' = H + \Delta\, H_p$) vernachlässigt, was auch zulässig ist.

Das Rechnungsergebnis kann man selbstverständlich noch verbessern, indem man unter Zugrundelegung von $H_p' = H_p + \Delta\, H_p$ die Berechnung nach der Theorie II. Ordnung wiederholt und daraus $\Delta\, H_p'$ ermittelt usw. Eine solche Verbesserung ist jedoch unnötig.

Zahlenbeispiel 4.

Es soll wieder die in vorangehenden Beispielen berechnete Brücke nach Abb. 9 untersucht werden. Aus den Momenten und Durchbiegungen nach der üblichen Theorie II. Ordnung

[1] Selbstverständlich betrifft diese vereinfachende Annahme nur die Bestimmung von H_p und nicht die Berechnung der Schnitt- und Formänderungsgrößen des Versteifungsträgers. Ihr Einfluß auf die Schnitt- und Formänderungsgrößen des Trägers kommt also nur mittelbar zum Ausdruck und ist infolgedessen auch recht klein.

(der ersten Teillösung im Beispiel 1) erhalten wir durch numerische Integration

in der Mittelöffnung $\int_0^l M\eta\,dx' = 6394 \cdot 10^4$

in der Seitenöffnung $\int_0^l M\eta\,dx' = 216 \cdot 10^4$.

Für y'_m nehmen wir in der Mittelöffnung y' bei $x = l/4$ und in den Seitenöffnungen y'_1 bei $x_1 = l_1/2$, also

$$y'_m = \frac{2f}{l} = 0{,}232, \qquad y'^2_m = 0{,}054$$

$$y'_{m1} = \frac{87{,}0}{265{,}0} = 0{,}328, \quad y'^2_{m1} = 0{,}108 .$$

Mit den weiteren Zahlenwerten aus Beispiel 1

$$\beta_c^2 = \beta^2 = 1{,}067 \cdot 10^{-4}, \quad \varrho_c = 808{,}2, \quad N = 41\,505{,}6$$

ergibt sich nach Gl. (108)

$$\varDelta H_p = \frac{1{,}067 \cdot 808{,}2}{2 \cdot 41\,505{,}6}(1{,}054 \cdot 6394 + 2 \cdot 1{,}108 \cdot 216) = +75\,\text{t},$$

und

$$\frac{\varDelta H_p}{H_p} = \frac{75}{3632} = 2{,}06\,\%.$$

Das Biegemoment und die Durchbiegung im Viertelspunkt der Mittelöffnung (Punkt 3) infolge $\varDelta H_p$ betragen

$$\varDelta M_v = \frac{\varDelta H_p}{H_p} M_v\,(y'' H_p) = -2{,}06\,\% \cdot 35\,925 = -740\,\text{tm}\ (-1{,}16\,\%)$$

$$\varDelta \eta_v = \frac{H_p}{H_p} \eta_v\,(y'' H_p) = -2{,}06\,\% \cdot 8158 = -168\,\text{mm}\ (-3{,}58\,\%).$$

Die genaue Berechnung mit $H_p = 3632 + 75 = 3707$ t und $H = 21\,013 + 3707 = 24\,720$ t liefert die Verbesserung von M_v und η_v zu $-1{,}52\,\%$ und $-3{,}66\,\%$.

B. Einfluß der Annahme (8).

Es soll noch der Einfluß der Annahme (8) oder der Ungenauigkeit der Gl. (8)' erörtert werden. In Gl. (8) können wir

$$1/\cos(\varphi + \varDelta\varphi) = \sqrt{1 + (y' + \eta')^2} \approx 1 + \frac{1}{2} y'^2 + y'\eta'$$

oder

$$\approx 1/\cos\varphi + y'\,\eta'$$

setzen. Damit ergibt sich [1]

$$S_p = \frac{H_p}{\cos\varphi} + H\,y'\,\eta'. \tag{109}$$

Infolgedessen haben wir in Gl. (9) statt des $-y'\,d\eta$ den Ausdruck $-\mu\,y'\,d\eta$, worin

$$\mu = 1 - \frac{H}{E_k F_k \cos^2\varphi} = 1 - \frac{\sigma_k}{E_k \cos\varphi} \tag{110}$$

bezeichnet. Nehmen wir an, daß das veränderliche μ durch einen Mittelwert ersetzt wird, so ergibt sich die Bestimmungsgleichung für H_p statt Gl. (10) zu

$$H_p \frac{L}{E_k F_k^0} \pm \alpha_t\,t\,L_t + \Sigma\,\mu\,y'' \int_0^l \eta\,dx = 0. \tag{111}$$

Nun wollen wir sehen, um wieviel μ von eins abweichen kann, d. h. welchen Wert der Ausdruck $\sigma_k/E_k \cos\varphi$ erreichen kann. Hierzu brauchen wir nur den ungünstigeren Fall, nämlich das gegenüber der Kette höher beanspruchte Kabel, zu betrachten. Unter Zugrundelegung einer der zulässigen Grenze entsprechenden Spannung $\sigma_k = 5{,}0$ t/cm², eines besonders niedrig

[1] Vgl. Grüning: Der Eisenbau, Berlin, 1929.

angenommenen E-Moduls vom Kabel $E_k = 1550$ t/cm² und eines mittleren Wertes $\cos\varphi = 0{,}9$ ergibt sich

$$\frac{\sigma_k}{E_k \cos\varphi} = \frac{5}{1550 \cdot 0{,}9} = 0{,}36\ \% .$$

Das ist der höchste Wert, um den μ von eins überhaupt abweichen kann. Das Gleichsetzen von $\mu = 1$ hat zur Folge, daß H_p etwas größer und daraus M und η des Trägers etwas kleiner berechnet werden. Die Abweichungen liegen aber auch in der Größenordnung von 0,36%.

C. Die Ungenauigkeit der Annahme (2).

Wir wollen im folgenden untersuchen, wie weit die Voraussetzung (2), daß die Kabelkurve unter der ständigen Last g eine quadratische Parabel ist, von der Wirklichkeit abweicht. Das Kabel möge das Gewicht g_k t/m gleichmäßig über seine Länge und der übrige Teil des Brückenüberbautes das Gewicht g_b t/m gleichmäßig über die horizontale Strecke aufweisen. Legen wir ein gewöhnliches Koordinatensystem ($+\,y$ nach oben, $+\,x$ nach rechts) durch den Scheitel des Kabels, z. B. in der Mittelöffnung in Abb. 1, so lautet die Gl. der Kabelkurve

$$H_g\, y'' = g_k \sec\varphi + g_b\,, \tag{112}$$

worin φ den Tangentenwinkel des Kabelelementes ds bedeutet.

Mit

$$\sec\varphi = \sqrt{1 + y'^2} \approx 1 + \frac{1}{2}\, y'^2$$

und

$$y' = z$$

geht die Gl. in

$$z' = \frac{g_k + g_b}{H_g} + \frac{g_k}{2\,H_g}\, z$$

über. Die Lösung für z lautet

$$z = \sqrt{\frac{2\,(g_k + g_b)}{g_k}}\ \mathrm{tg}\left(\frac{x}{H_g}\sqrt{\frac{g_k\,(g_k + g_b)}{2}}\right) + C_1\,.$$

Durch nochmalige Integration dieser Gl. ergibt sich [1] dann

$$y = \frac{2\,H_g}{g_k}\, ln \sec\left(\frac{x}{H_g}\sqrt{\frac{g_k\,(g_k + g_b)}{2}}\right) + C_1\, x + C_2\,. \tag{113}$$

Die Konstanten C_1 und C_2 lassen sich aus den Randbedingungen bestimmen. Z. B. für die Mittelöffnung in Abb. 1 erhalten wir $C_2 = 0$ und $C_1 = 0$ aus den Bedingungen: $y = 0$ für $x = 0$ und $y\,(-\,x) = y\,(+\,x)$. Hierfür lautet also die Lösung:

$$y = \frac{2\,H_g}{g_k}\, ln \sec\left(\frac{x}{H_g}\sqrt{\frac{g_k\,(g_k + g_b)}{2}}\right). \tag{114}$$

Für Kette mit angepaßtem Querschnitt $F_k = F_k^0 \sec\varphi$ ist $g_k = g_k^0 \sec\varphi$. Die Lösung der Kettenkurve erhält man unmittelbar aus der vorstehenden Gl., indem man g_k^0 statt g_k einsetzt und überall die Zahl 2 wegstreicht. Diesen Fall hat A. Ritter [2] bereits vor 1899 behandelt.

Wir wollen im folgenden das H_g und die Ordinate der Kabelkurve im Viertelspunkt des behandelten Beispieles nach der vorstehenden Gl. ausrechnen.

$$g_k = 0{,}67 \cdot 7{,}8 = 0{,}52\ \mathrm{t/m}$$
$$g_b = 26{,}0 - 0{,}52 = 20{,}8\ \mathrm{t/m}$$
$$g_k : g_b = 1 : 4\,.$$

Dieses Verhältnis entspricht etwa den Gewichten der meisten Hängebrücken. Setzen wir die Werte von g_k und g_b sowie $y = f = 87{,}0$ m für $x = \frac{l}{2} = 375{,}0$ m in Gl. (114) ein, so ergibt sich die Gl. für H_g zu

$$e^{-\frac{226{,}2}{H_g}} - \cos\frac{3083{,}25}{H_g} = 0$$

[1] S. a. A. Fuhrmann: Bauwissenschaftliche Anwendungen der Integralrechnung. Teil IV, S. 229. Berlin, 1903.

[2] A. Ritter: Lehrbuch der Ingenieur-Mechanik, Leipzig 1899, S. 360.

und hieraus $H_g = 21\,089$ t. Dieser Wert ist um 56 t (0,27%) größer als derjenige aus der parabolischen Kabelkurve mit demselben Pfeil. Die Gleichung der Kabelkurve lautet nach Einführung der Zahlenwerte:

$$y = 8111{,}17\, ln \sec (x \cdot 3{,}8987 \cdot 10^{-4}) .$$

Für $x = l/4$ ergibt sich aus dieser Gl. $y_v = 21{,}693$ m und daraus der Durchhang des Kabels im Viertelspunkt

$$f - y_v = 87{,}0 - 21{,}693 = 65{,}307 \text{ m}.$$

Unter der Annahme der quadratischen Parabel hat man $\frac{3}{4} f = 65{,}250$ m. Die Abweichung beträgt also 0,057 m oder 0,09%.

Aus den vorstehenden Rechnungsergebnissen ersieht man, daß die Annahme einer quadratischen Parabel für die Kabelkurve unter der ständigen Last $g = g_k + g_b$ ohne weiteres zulässig ist.

Zusammenfassung des ersten Teiles.

Wir haben in den vorangehenden Abschnitten die Wege gezeigt, wie man die verschiedenen vereinfachenden Annahmen in der üblichen Theorie II. Ordnung im einzelnen untersucht. An einer großen Hängebrücke über drei Öffnungen mit $g : p = 1{,}73$ wurden die Einflüsse aller Annahmen zahlenmäßig verfolgt. Die in Prozenten ausgedrückten Ergebnisse können zwar bei Hängebrücken mit anderen Systemabmessungen und Belastungen etwas schwanken, aber an ihrer Größenordnung wird sich nicht viel ändern. Unter allen diesen Nebeneinflüssen nimmt die Schrägstellung der Hänger die erste Stelle ein. Sie vermindert das Biegemoment M_v und die Durchbiegung η_v im Viertelspunkt der Mittelöffnung etwa um 8%. An zweiter Stelle steht die Vernachlässigung der quadratischen Glieder $d\,\eta^2$ und $d\,\xi^2$ bei der Ableitung der H_p-Gleichung. Ihr Einfluß auf M_v und η_v beträgt etwa — 1,5% und — 3,5%. Dann kommen die Pylonenelastizität, die Längenänderungen der Hänger und die anderen Nebeneinflüsse.

Es muß betont werden, daß wir die Einflüsse jeweils für sich untersucht haben und ihre Zusammenwirkung nicht gleich der Summe aus den einzelnen Wirkungen setzen dürfen. Sie ist nämlich kleiner als diese, weil die Nebeneinflüsse infolge der gleichzeitigen Berücksichtigung aller Systemverformungen sich grundsätzlich gegenseitig vermindern müssen [1]. Ferner sei darauf hingewiesen, daß sich diese Nebeneinflüsse nicht bei allen Belastungsfällen und nicht an jeder Stelle des Versteifungsträgers auf die Schnitt- und Formänderungsgrößen so günstig auswirken. Vor allem ist dies für die Schrägstellung der Hänger der Fall. Ihr Einfluß erreicht die obere Grenze bei halbseitiger Belastung in der Hauptöffnung; er ist also auf die maßgebenden Schnitt- und Formänderungsgrößen über bestimmte Strecken beschränkt, und zwar bei einfeldrigen Versteifungsträgern vor allem auf M und η in der Gegend des Viertelspunktes der Mittelöffnung und beim Durchlaufträger auch auf das Stützenmoment. Die im Beispiel 1 festgestellten Abweichungen $\Delta\, M_v$ und $\Delta\, \eta_v$ infolge der Schrägstellung der Hänger stellen somit die obere Grenze ihres Einflusses dar, der sich über eine gewisse Strecke links und rechts vom Viertelspunkt erstreckt. Anders ist der Einfluß der Ungenauigkeit in der H_p-Gleichung infolge der Vernachlässigung der quadratischen Glieder $d\eta^2$ und $d\xi^2$. Er nimmt etwa mit H_p zu und wird also bei der Vollast in der Hauptöffnung die obere Grenze erreichen. Wir sehen also, daß schon bezüglich der Belastung Gegenläufigkeit zwischen den beiden letztgenannten Einflüssen besteht.

Über die Pylonenelastizität haben wir uns am Ende des Abschnittes III bereits zur Genüge geäußert. Die Einflüsse der Längenänderungen der Hänger und der Schubverformung des

[1] Wird z. B. ein Biegemoment M infolge der Schrägstellung der Hänger um α% und infolge der quadratischen Glieder $d\,\eta^2$ und $d\,\xi^2$ um β% vermindert, so erhalten wir bei der Berücksichtigung der beiden Nebeneinflüsse

$$M = M(1 - \alpha)\ (1 - \beta) > M(1 - \alpha - \beta).$$

Die beiden Abminderungszahlen α und β verringern sich also gegenseitig.

Für Systeme, deren Schnitt- und Formänderungsgrößen durch Berücksichtigung der Nebeneinflüsse größer werden, erhält man dagegen

$$M = M\ (1 + \alpha)\ (1 + \beta) > M(1 + \alpha + \beta).$$

Die beiden Korrekturglieder $\alpha\ M$ und $\beta\, M$ vergrößern sich also gegenseitig.

Versteifungsträgers sind gering. Außerdem heben sich sie zum Teil auf. Die Annahme, daß die Kabelkurve gleich der quadratischen Parabel ist, ist praktisch ohne weiteres zulässig. Die beiden Kurven weisen keine nennenswerten Abweichungen auf.

Es sei erwähnt, daß die mitgeteilten Verfahren zur Untersuchung der Nebeneinflüsse auch für Hängebrücken mit besonderen Stützbedingungen des Versteifungsträgers [1] anwendbar sind. Die Größenordnung der einzelnen Nebeneinflüsse bei solchen Systemen dürfte nicht viel von der in den vorangehenden Beispielen festgestellten abweichen.

Wir haben aus den theoretischen Untersuchungen gesehen, in welcher Größenordnung die Ungenauigkeit der üblichen Theorie II. Ordnung liegt. Diese Abweichungen können zwar in einzelnen Fällen, z. B. bei Hängebrücken mit vorgeschriebener zulässiger Durchsenkung des Trägers, an Bedeutung gewinnen, so daß die Berechnung unter Berücksichtigung der Nebeneinflüsse durchgeführt werden muß, aber im allgemeinen genügt durchaus die übliche Theorie II. Ordnung. Denn man muß auch bedenken, daß man sich heute bei der Bemessung des Trägers, z. B. bei der Berechnung der Stoßverbindungen des Trägers oder bei der Festlegung der zulässigen Beanspruchung unter Berücksichtigung der Dauerfestigkeit bei Hängebrücken für Eisenbahnverkehr usw, noch mit grober Näherung begnügen muß. Im übrigen würden bei Anwendung der Fachwerkträger als Versteifungsträger wohl auch die Neben- und Zusatzspannungen in der üblichen Weise vernachlässigt werden.

---

[1] K. Klöppel und K. H. Lie: Hängebrücken mit besonderen Stützbedingungen. Stahlbau 1940 H. 21/22, 1941 H. 6/7.

Zweiter Teil:

Statische Modellversuche.

I. Allgemeine Grundlagen.

Die statischen Modellversuche haben seit jeher dem Ingenieur zur Bestätigung der Theorien gute Dienste geleistet. In Sonderfällen, wo man über keine genügend genauen Theorien verfügt, wurden sie aber auch dazu verwendet, um die Lösung des Problems auf experimentellem Wege zu gewinnen. Als beste Beispiele für diese beiden grundverschiedenen Anwendungen der Versuche und ihre Erfolge brauchen wir nur die bekannten Knickversuche von Karman und Tetmajer anzuführen. In der neueren Zeit wurden viele statischen Messungen an Modellen durchgeführt, die man den Bauwerken ähnlich nachbildete. Es sind aber im einschlägigen Schrifttum [1] die Modellregeln entweder nur kurz oder ganz allgemein behandelt, ohne daß auf die grundlegende Frage eingegangen wird, wann und welche Anforderungen man an das Modell zu stellen hat und welche Bedingungen dann beim Bau des Modells eingehalten werden müssen. Im folgenden wollen wir diese Frage näher auseinandersetzen und daran anschließend einige Konstruktionen und Versuchsergebnisse an Hängebrückenmodellen mitteilen.

Die Tragewerke unterteilt man bekanntlich in zwei Hauptgruppen. Bei der einen Gruppe sind die Systemverformungen verhältnismäßig klein und werden im Kräftespiel vernachlässigt, so daß das Superpositionsgesetz gilt. Zu der anderen Gruppe gehören solche Systeme, bei denen entweder die Gliederung je nach der Belastung sich ändert oder die Systemverformung im Kräftespiel einbezogen wird, so daß das Superpositionsgesetz fällt [2]. Für die beiden Systemarten gilt das Modellgesetz gleichwohl, d. h. die Gültigkeit des statischen Ähnlichkeitsgesetzes ist unabhängig vom Superpositionsgesetz. Man hat allerdings bei der ersten Systemgruppe eventuell eine Freiheit mehr für die Wahl des Maßstabes der Systemverformungen, da ihre Einflüsse im Kräftespiel ja vernachlässigt werden können.

Im folgenden wollen wir zunächst kurz die in der Statik vorkommenden Größen aufzählen und dann die Modellregeln ableiten.

In der Baustatik hat man es mit nur drei Einheiten: der Kraft, der Länge und der Temperatur, sowie mit der dimensionslosen Zahl, dem Winkel, zu tun, während die Zeit keine Rolle spielt. Aus ihnen bilden sich die weiteren, uns praktisch interessierenden Größen von gemischten Dimensionen, z. B. das Biege- und Torsionsmoment und die Spannungen. Was die Länge betrifft, so ist es für unsere folgenden Betrachtungen zweckmäßig, sie in Systemachse, Formänderungen und Querschnittsabmessungen zu unterteilen; ebenso ist es mit dem Winkel. Übersichtshalber seien im nachstehenden diese Größen mit ihren Bezeichnungen, Dimensionen und Einheiten zusammengestellt:

---

[1] Siehe z. B. M. Weber: Ähnlichkeitsmechanik oder Theorie der Modelle. Hütte Bd. I und die unter Fußnote 1 S. 15 angegebene Arbeit, sowie H. Weber: Über Modellgesetze und Ähnlichkeitsbedingungen für vollkommene und erweiterte Ähnlichkeit bei statischen Elastizitätsproblemen. Diss. T. H. Berlin 1940. Diese Arbeit ist uns nach dem Abschluß des Manuskriptes für die vorliegende Arbeit bekannt geworden.

[2] Bei solchen Betrachtungen ist auch zu beachten, auf welche Kräftegruppe sich die Superposition bezieht; z. B. sind beim Balken mit Axialkraft H und Querlast P die Schnitt- und Formänderungsgrößen des Balkens lineare Funktionen der Querlast P aber nichtlineare Funktionen der Axialkraft H. Infolgedessen gilt hier das Superpositionsgesetz nur für P und nicht für H.

1. Kraft P, Q, N, H (t oder kg)
2. Länge (m oder cm)
   a) Systemachse l, s
   b) Formänderungen δ, η
   c) Querschnittsabmessungen b, d, h.
3. Temperatur t° C
4. Winkel (Bogenmaß oder Grad)
   a) Systemachse φ
   b) Formänderungen $\Delta\varphi$, ϑ.
5. Biegemoment M_b und Torsionsmoment M_T (tm oder kg cm).
6. Spannungen σ, τ (kg/cm²).

Zur Ableitung der Modellregeln teilen wir zweckmäßig das Tragglied oder Tragwerk nach seiner Beanspruchungsart in folgende drei Gruppen ein:

A. Tragglied oder Tragwerk, das nur auf achsialen Zug beansprucht wird. Das sind z. B. das Drahtseil, das Kabel, die Kette und der Zugstab. Sie sind durch drei Größen gekennzeichnet, nämlich die Querschnittfläche F, den Elastizitätsmodul E und die lineare Wärmeausdehnungszahl α_t.

B. Tragglied oder Tragwerk, das nur auf achsialen Druck beansprucht wird, der Druckstab. Er ist gekennzeichnet durch α_t, E, F und außerdem noch durch das Trägheitsmoment J und eventuell die Querschnittsform Θ.

C. Tragglied oder Tragwerk, das durch achsiale Kräfte, Querkräfte, Biegemoment und Torsionsmoment beansprucht wird. Das ist die allgemeine Beanspruchungsart (6 Größen), der die meisten Tragglieder und Tragwerke ausgesetzt sind. Hierbei unterscheidet man wiederum das Linientragwerk (Stabwerk) und das Flächentragwerk (Kontinuum). Die charakteristischen Größen für das Linientragglied sind außer α_t, E, F, J, noch der Schubmodul G, der Torsionswiderstand J_T und die Quershnittsform Θ, wodurch auch die für die Querkraftbeanspruchung maßgebende, von der Querschnittsform abhängige Zahl $\varkappa$ ausgedrückt werden soll.

Nachdem wir das Tragglied in drei Gruppen eingeteilt haben, sollen anschließend die Modellregeln für die einzelnen Traggliedsarten abgeleitet und näher erörtert werden. Dabei wollen wir vereinbaren, daß die bisher eingeführten Bezeichnungen für das Modell einen Index 1 erhalten sollen, während die für das wirkliche Tragglied indexfrei bleiben. Weiter mögen die Bezeichnungen der grundlegenden Maßstäbe vorausgeschickt werden.

$$\left.\begin{array}{ll} \text{Kraft} & P : P_1 = k = n^2 k' \\ \text{Länge (Systemachse)} & l : l_1 = n \\ \text{Temperatur} & t^\circ : t_1^\circ = c. \end{array}\right\} \tag{201}$$

Zur Ableitung der einzelnen Maßstäbe oder ihrer gegenseitigen Beziehungen werden wir im nachstehenden jeweils von der Grundgleichung ausgehen, die das Tragglied beherrscht.

A. Modellregeln für das Tragglied, das nur auf achsialen Zug beansprucht wird: Seile, Zugstäbe.

Wir betrachten ein elastisches, an beiden Enden befestigtes Seil, z. B. das Kabel der Hängebrücke, das anfangs infolge irgend einer Belastung, z. B. des Eigengewichtes, den Durchhang $y = f(x)$ und die Seilkraft S aufweist und durch Hinzutreten der Belastungen P die Form $y + \eta$ und die Kraft $S + \Delta S$ annimmt. Die Gleichung, der dieses elastische Seil gehorcht, haben wir bereits im I. Abschnitt des ersten Teiles abgeleitet, Gl. (10). Sie lautet bei nachgiebigen Befestigungen an den Enden

$$H_p \frac{L}{EF} \pm \alpha_t\, t\, L_t + \int y''\, \eta\, dx = \Delta\, l\,.$$

Die entsprechende Gl. für das Modell erhält man, wenn alle Größen in dieser Gl. mit dem Index 1 versehen werden. Vergleicht man die Gl. für das Modell mit derjenigen für die Hauptausführung, die durch Einführung der Beziehungen nach Gl. (201) folgende Form

$$k\, H_{p1} \frac{n\, L_1}{EF} \pm \alpha_t\, c t_1\, n\, L_{t1} + \int \frac{y_1''}{n}\, n\, \eta_1\, n\, dx_1 = n\, \Delta\, l_1$$

annimmt, so erhält man die Bedingungen

$$\left.\begin{aligned}\frac{H_{p_1}}{E_1 F_1} &= \frac{k H_{p_1}}{E F} \\ \alpha_{t_1} t_1 &= \alpha_t c t_1\,,\end{aligned}\right\} \tag{202}$$

d. h. die Dehnung des Seiles muß am Modell und in der Hauptausführung gleich groß sein. Hieraus ergeben sich folgende Maßstäbe:

$$F_1 = \frac{E}{E_1}\frac{F}{k} = \frac{E}{E_1}\frac{F}{k' n^2} \tag{203}$$

$$c = \frac{t}{t_1} = \frac{\alpha_{t_1}}{\alpha_t}\,. \tag{204}$$

Aus den obigen Gleichungen erkennt man, daß erstens die Spannungen nur im Falle der gleichen E-Moduli $E_1 = E$ in natura am Modell wiedergegeben werden können, und daß anderseits sich der Maßstab c für die Temperatur nicht frei wählen läßt, sondern durch $\alpha_{t_1} : \alpha_t$ vorgegeben ist.

B. Modellregeln für den Druckstab.

Für Stäbe dieser Art, bei denen es sich nur um Spannungsprobleme im elastischen Bereich handelt, gelten auch die Gl. (203) und (204). Im folgenden wollen wir auf den Druckstab eingehen, der einer Knickgefahr ausgesetzt ist.

Für das Knicken des Stabes (Abb. 14) im elastischen Formänderungsbereich gilt die linearisierte Differentialgleichung des unendlich wenig ausgebogenen Stabes

$$\frac{1}{\varrho} = -\frac{P \cdot y}{E J}$$

oder mit den Bezeichnungen nach Gl. (201)

$$\frac{1}{n\,\varrho_1} = -\frac{k\,P_1 \cdot n\,y_1}{E J}\,.$$

Verbindet man diese Gl. mit der Gl. für das Modell

$$\frac{1}{\varrho_1} = -\frac{P_1 y_1}{E_1 J_1}\,,$$

so erhält man die Beziehung

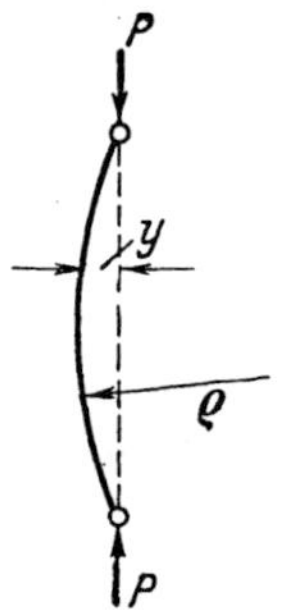

Abb. 14.

$$J_1 = \frac{E}{E_1}\frac{J}{k n^2} = \frac{E}{E_1}\frac{J}{k' n^4}\,. \tag{205}$$

Wenn man dabei auch die Gl. (203) gelten läßt, was an sich nicht notwendig ist, so verhalten sich die Knickspannungen σ_k zu σ_{k1} wie E zu E_1. Wird die Anforderung der gleichen Knickspannungen gestellt, so muß die Bedingung

$$F_1 = \frac{F}{k} \tag{206}$$

eingehalten werden. Es ergibt sich dann das Schlankheitsverhältnis

$$\lambda : \lambda_1 = \sqrt{E} : \sqrt{E_1}\,. \tag{207}$$

Beim Knicken des in Abb. 14 skizzierten Stabes im plastischen Formänderungsbereich hat man die Differentialgleichung

$$\frac{1}{\varrho} = -\frac{P \cdot y}{E' J}\,,$$

worin E' den ideellen E-Modul bedeutet. Da E' sowohl von der Spannung-Dehnungslinie des Werkstoffes als auch — streng genommen — von der Querschnittsform des Stabes abhängig ist, muß das Modell aus demselben Werkstoff hergestellt werden wie die Hauptausführung, und seine Querschnittsform muß auch die strenge geometrische Ähnlichkeit einhalten, also

$$E_1 = E \tag{208}$$

$$\Theta_1 \sim \Theta\,. \tag{209}$$

Aus Gl. (209) folgt dann der Maßstab für die Kraft in diesem Fall

$$P : P_1 = k = n^2\,, \quad k' = 1\,. \tag{201'}$$

Die Bedingungen (208), 209) und (201)′ gelten übrigens auch für alle Tragglieder, sofern sie bis in den plastischen Formänderungsbereich beansprucht werden. Bei Zugstäben und Seilen fällt jedoch die Bedingung (209) fort.

Wir haben bisher Modellregeln für solche Tragglieder abgeleitet, für die das Superpositionsgesetz nicht gilt. Hieraus erkennt man, daß wie bereits erwähnt, die Ähnlichkeitsbetrachtung vom Superpositionsgesetz unabhängig ist. Es muß allerdings betont werden, daß wir in diesem Fall für die Formänderungen (Verschiebungen) unbedingt denselben Maßstab n wie für die Systemachse nehmen müssen. Dies ist nicht erforderlich, wenn die Formänderungen nicht im Kräftespiel berücksichtigt werden. Das wollen wir im folgenden Abschnitt zeigen.

C. Modellregeln für das Tragglied mit ganz allgemeinen Beanspruchungen: Achsialkraft, Querkraft, Biege- und Torsionsmoment.

1. Linientragglied.

Für einen räumlichen durch P und M belasteten Stab gilt (Abb. 15)

$$\Sigma P \bar{\delta} + \Sigma M \Delta \bar{\varphi} = \int \frac{M_b \overline{M}_b}{E J} ds + \int \frac{M_T \overline{M}_T}{G J_T} ds + \int \frac{N \overline{N}}{E F} ds + \int \varkappa \frac{Q \overline{Q}}{G F} ds\,. \tag{210}$$

Dabei können die Größen mit und ohne Querstrich zu zwei verschiedenen Zuständen oder zu ein und demselben Zustand gehören. Ferner sollen das erste und das letzte Integral evtl. zwei solche Integrale darstellen, die sich jeweils auf die beiden Querschnittshauptachsen beziehen.

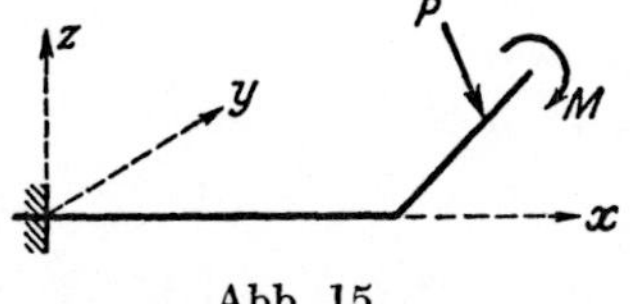

Abb. 15.

Es seien für die Kraft P und die Systemachse s die Maßstäbe k und n gewählt. Es ist dann klar, daß für das Drehmoment (Biege- und Torsionsmoment) der Maßstab

$$M : M_1 = k\, n \tag{211}$$

gilt. Weiter wollen wir den Maßstab für die Formänderungsgrößen

$$\begin{aligned} \delta : \delta_1 &= m\, n \\ \Delta \varphi : \Delta \varphi_1 &= m \end{aligned} \tag{212}$$

wählen, d. h. am Modell werden die Verschiebungen $m \cdot n$-fach und die Winkeländerungen m-facher kleiner als in der Hauptausführung [1]. Setzen wir die Maßstäbe für P, s, M, δ und $\Delta \varphi$ in Gl. (210) ein und stellen eine entsprechende Gleichung für das Modell auf, indem alle Größen in Gl. (210) mit dem Index 1 versehen werden, so liefert ein Vergleich der beiden Gleichungen folgende Beziehungen:

$$J_1 = \frac{E}{E_1} \frac{m}{k\, n^2} J = \frac{E}{E_1} \frac{m}{k'\, n^4} J \tag{213 a}$$

$$J_{T1} = \frac{G}{G_1} \frac{m}{k\, n^2} J_T = \frac{G}{G_1} \frac{m}{k'\, n^4} J_T \tag{213 b}$$

$$F_1 = \frac{E}{E_1} \frac{m}{k} F = \frac{E}{E_1} \frac{m}{k'\, n^2} F \tag{213 c}$$

$$\varkappa_1 = \frac{E}{G} \cdot \frac{G_1}{E_1} \varkappa \tag{213 d}$$

Sollten am Modell alle Einflüsse berücksichtigt werden, so folgt aus Gl. (213 a) bis (213 c), daß die Querschnittsform geometrisch ähnlich

$$\Theta_1 \sim \Theta \tag{214}$$

und

$$\frac{E}{E_1} \frac{m}{k'} = \frac{G}{G_1} \frac{m}{k'} = 1 \tag{215}$$

[1] Im allgemeinen kommt $m < 1$ in Frage, weil man die Formänderungen am Modell vergrößert haben will. Es sei jedoch daran erinnert, daß die Verformungen nur dann vernachlässigt werden, solange sie im Vergleich zu den Systemabmessungen klein sind.

sein müssen. Weiter folgt aus Gl. (213 d) und der obigen Gleichung, daß der Werkstoff des Modells und der Hauptausführung dieselbe Querdehnungszahl

$$\mu_1 = \mu \tag{216}$$

haben muß.

Bei ebenen Tragwerken (Stabwerk und Fachwerk) kommen praktisch nur das Biegemoment M_b und die Normkraft N in Frage, so daß man nur die Gl. (213 a) und (213 c) zu erfüllen braucht. Hierfür wollen wir im folgenden auch den Maßstab für die Temperatur ableiten. Es gilt wie Gl. (210)

$$\Sigma P\bar{\delta} + \Sigma M \Delta\bar{\varphi} = \int \bar{M}_b \alpha_t \frac{\Delta t}{h} ds + \int \bar{N} \alpha_t t \, ds, \tag{217}$$

worin Δt der Temperaturunterschied zwischen der Ober- und Unterkante des Trägers und h die Trägerhöhe bedeuten. Setzt man die Maßstäbe nach Gl. (201), (211) und (212) in obige Gleichung ein und stellt eine entsprechende Gleichung für das Modell auf, indem man die Größen in Gl. (217) mit Index 1 schreibt, so ergeben sich aus diesen beiden Gleichungen folgende Beziehungen

$$c = \frac{t}{t_1} = m \frac{\alpha_{t_1}}{\alpha_t} \tag{218 a}$$

$$c' = \frac{\Delta t}{\Delta t_1} = \frac{m}{n} \frac{h}{h_1} \frac{\alpha_{t_1}}{\alpha_t}. \tag{218 b}$$

Obige Gleichungen zeigen, daß c' und c miteinander übereinstimmen, wenn die Trägerhöhe h_1 am Modell auch im Maßstab n die wirkliche Trägerhöhe h nachahmt. Diese Bedingung muß ohnehin erfüllt werden, wenn der Träger durch M und N beansprucht wird. Man hat also $c' = c$. Daß c sich nicht frei wählen läßt, geht aus Gl. (218 a) auch klar hervor.

Wir haben die Gl. (213 a) bis (216) unter Zugrundelegung der Wahl der Maßstäbe k für die Kraft, n die Systemachse und die Querschnittsabmessungen, sowie m den Formänderungswinkel aufgestellt. (Es sei bemerkt, daß durch Bedingung (215) an sich nur einer von den beiden Maßstäben m und k' frei gewählt werden kann). Aus diesen Bedingungen folgt, daß die Spannungen am Modell im Verhältnis

$$\frac{\sigma}{\sigma_1} = m \frac{E}{E_1} \tag{219}$$

wiedergegeben werden. Diese Beziehung gilt auch für die Spannungen infolge der Temperaturänderungen.

Sollte die Bedingung $\sigma_1 = \sigma$ erfüllt werden, so muß $m\,E : E_1 = 1$ sein. Hieraus folgt nach Gl. (215), daß dann auch $k' = 1$ sein muß. Mit anderen Worten: der Kräftemaßstab muß in diesem Fall $P : P_1 = k = n^2$ gewählt werden.

2. Flächentragwerk.

Wir betrachten eine Platte in der $x\,y$-Ebene, die in der Mittelebene durch die Normalkraft N_x, N_y und die Schubkraft N_{xy} je Längeneinheit und senkrecht zur Mittelebene durch die Last p je Flächeneinheit belastet ist. Hierfür gilt

$$\nabla \nabla w = \frac{q}{D}, \tag{220}$$

worin bedeuten

$$q = \left(p + N_x \frac{\partial^2 w}{\partial x^2} + N_y \frac{\partial^2 w}{\partial y^2} + 2 N_{xy} \frac{\partial^2 w}{\partial x \, \partial y}\right) \tag{220 a}$$

$$\nabla \nabla w = \frac{\partial^4 w}{\partial x^4} + 2 \frac{\partial^4 w}{\partial x^2 \partial y^2} + \frac{\partial^4 w}{\partial y^4} \tag{220 b}$$

die Plattensteifigkeit

$$D = \frac{E' h^3}{12} \tag{220 c}$$

$$E' = \frac{E}{1 - \mu^2} \tag{220 d}$$

w die Durchbiegung und h die Dicke der Platte. Für das Modell gilt entsprechend

$$\nabla \nabla w_1 = \frac{q_1}{D_1}.$$

Setzt man die Maßstäbe k und n in Gl. (220) ein, so ergibt sich

$$\frac{\nabla \nabla w_1}{n^3} = \frac{q_1}{D} \frac{k}{n^2}.$$

Ein Vergleich dieser Gleichung mit derjenigen für das Modell liefert dann

$$D_1 = \frac{D}{kn} = \frac{D}{k' n^3}. \tag{221}$$

Durch die Einführung der Gl. (220 c) in Gl. (221) erhält man die Plattendicke am Modell

$$h_1 = \frac{h}{n} \sqrt[3]{\frac{1}{k'} \frac{E}{E_1}}. \tag{222}$$

Dabei wurde angenommen, daß die Querdehnungszahl des Modellwerkstoffes ebenso gleich μ ist und infolgedessen auch $E' : E_1' = E : E_1$ wird. Das wollen wir im folgenden stets voraussetzen.

Wenn die Bedingung (222) erfüllt ist, so sind die Durchsenkungen w und die Krümmungsradien ϱ_x, ϱ_y der Plattenmittelfläche am Modell auch in n-fach verkleinert wiedergegeben, also

$$\left.\begin{aligned} w : w_1 &= n, \\ \varrho : \varrho_1 &= n. \end{aligned}\right\} \tag{223}$$

Anders sind aber die Dehnungen der Mittelfläche infolge der Kräfte je Längeneinheit N_x, N_y, z. B.

$$\Delta\, dx = \frac{dx}{Eh} (N_x - \mu N_y). \tag{224}$$

Mit $dx = n\, dx_1$ und $N = \frac{k}{n} N_1 = k' n N_1$ geht obige Gleichung in

$$\Delta\, dx = k' n^2 \frac{dx_1}{E_1 h} (N_{x1} - \mu N_{y1})$$

über. Dividiert man diese Gleichung durch die Gleichung für die Dehnung am Modell

$$\Delta\, dx_1 = \frac{dx_1}{E_1 h_1} (N_{x1} - \mu N_{x1}),$$

so erhält man unter Berücksichtigung der Gl. (222) das Verhältnis

$$\frac{\Delta\, dx}{\Delta\, dx_1} = n \cdot \sqrt[3]{\left(k' \frac{E_1}{E}\right)^2}. \tag{225}$$

Die Gl. (223) und (225) sind also nicht gleich. Solange man sich am Modell nur für die Durchbiegung interessiert und auch nur diese mißt, spielt die Unübereinstimmbarkeit dieser beiden Gleichungen keine Rolle. Anders ist es bei der Spannungsmessung. Z. B. die Normalspannungen σ_x infolge der Biegung sind in der Plattenmittelfläche gleich Null und an der Oberfläche, wo man mißt, gleich

$$\sigma_x = \pm \frac{E' h}{2} \left(\frac{1}{\varrho_x} + \mu \frac{1}{\varrho_y} \right). \tag{226}$$

Setzen wir in der Gleichung $\varrho = n\, \varrho_1$ und vergleichen wir sie mit der Gleichung für das Modell (alle Größen in Gl. (226) mit Index 1), so erhalten wir unter Beachtung der Gl. (222) die Beziehung für Biegespannungen

$$\frac{\sigma_b}{\sigma_{b_1}} = \sqrt[3]{k' \left(\frac{E}{E_1}\right)^2}. \tag{227}$$

Dagegen verhalten sich die Normalspannungen infolge der Normalkräfte z. B.

$$\sigma_x : \sigma_{x1} = \frac{N_x}{h} : \frac{N_{x_1}}{h_1}.$$

Die Einführung des Maßstabes für N_x liefert das Verhältnis für Spannungen infolge N

$$\frac{\sigma_N}{\sigma_{N1}} = \sqrt[3]{k'^2 \left(\frac{E}{E_1}\right)}. \tag{228}$$

Wenn die Platte nur auf Biegung beansprucht ist, so kommen nur Gl. (222) und (227) in Betracht. Wenn aber sowohl die Biegung als auch die Normalkräfte vorliegen, dann müssen Gl. (227) und (228) gleich sein. Daraus folgt, daß

$$k' = \frac{E}{E_1} \tag{229}$$

gewählt werden muß. Es ergeben sich dann aus Gl. (222), (227) und (228) die Beziehungen für eine sowohl auf Biegung als auch durch Normalkräfte beanspruchte Platte

$$\left.\begin{aligned} h_1 &= \frac{h}{n} \\ \frac{\sigma}{\sigma_1} &= \frac{E}{E_1}, \end{aligned}\right\} \tag{230}$$

d. h. man muß in diesem Fall auch die Plattendicke geometrisch ähnlich nachbilden und die Spannungen in Hauptausführung und am Modell verhalten sich dann wie die E-Modulli. Es sei darauf hingewiesen, daß bei Beanspruchungen der Platte im plastischen Formänderungsbereich dann auch Gl. (208) und (201)′ zur Geltung kommen. Die Gl. (208) besagt, daß das Modell aus demselben Werkstoff hergestellt werden muß, wie die Hauptausführung.

II. Die Hängebrückenmodelle.

A. Das bisherige Hängebrückenmodell.

Versuche an Hängebrückenmodellen, die dem Tragwerk entsprechend aus Kabeln, Hängern, Versteifungsträgern und Pylonen bestehen, wurden zuerst in Amerika und dann neuerdings auch in Deutschland durchgeführt[1]. Man hat sie herangezogen, um beim Vorentwerfen der Brücken das statische Verhalten der verschiedenen Entwürfe zu vergleichen, oder um das Verhalten der Brücken während der Montage zu untersuchen. Die Modellregeln für ein solches Modell erhält man ohne weiteres aus den im vorangehenden Abschnitt abgeleiteten Gleichungen. Zunächst ist es klar, daß hier der Maßstab für den Formänderungswinkel nach Gl. (212) $m = 1$ sein muß, weil bei Hängebrücken die Formänderungen für das Kräftespiel von unvernachlässigbarer Bedeutung ist. Es gilt dann für die Hänger und die Kabel, deren Biegesteifigkeit vernachlässigt werden möge, die Maßstabregel des Zugstabes

$$F_{k1} = \frac{E_k}{E_{k1}} \frac{F_k}{k' n^2} .$$

Für die Pylonen, die entweder nur auf Druck (Pendelpylone) oder auf Biegung und Druck (Einspannpylone) beansprucht sind, und für die Versteifungsträger, deren Schubverformung nicht am Modell nachgebildet wird, haben wir

$$J_1 = \frac{E}{E_1} \frac{J}{k' n^4} .$$

Das sind die beiden Gleichungen, die beim Bau eines solchen statischen Modells der Hängebrücke eingehalten werden müssen. Hat man z. B. den Verkleinerungsmaßstab für die Systemabmessungen n und für die Kraft $k = k'n^2$ und die Werkstoffe des Modells (also E_{k1}, E_1) gewählt, so lassen sich die Querschnittsabmessungen der Tragteile am Modell ohne weiteres aus den vorstehenden Gleichungen ermitteln. Ebenso ergibt sich der Maßstab für das Biegemoment im Träger zu

$$M : M_1 = k n = k' n^3 .$$

Abb. 16 und 17 stellen ein solches Modell nebst den Konstruktionseinheiten dar, das eine Hängebrücke über drei Öffnungen 270 + 750 + 270 m nachbildet. Die gewählten Maßstäbe betragen $n = 150$ und $k = 519\,400$ oder $k' = 23{,}084$. Für die Wahl des Beiwertes k' war der maßgebende Grund die Anpassung von F_{k1} des Modellkabels an das im Handel erhältliche Drahtprofil, das im vorliegenden Modell noch keine nennenswerte Biegesteifigkeit

[1] Siehe Fußnote 1, S. 15 und u. a. S. O. Asplund: Modell för sök över hängbroar nud lutande hängare: Teknisk Tidskrift 1940. S. 23 und Maier-Leibnitz: Grundsätzliches über Modellmessungen der Formänderungen und Spannungen von verankerten Hängebrücken. Bautechn. 1941, H. 46/47 usw.

aufweisen soll. Es wurde Silberstahldraht von 0,15 mm Durchmesser als Modellkabel genommen, das unter Berücksichtigung seines höheren E-Moduls dem Kabel im Bauwerk von $F_k = 1{,}15\ \mathrm{m}^2$ entspricht. Die Hänger mit etwa $F_h = 110\ \mathrm{cm}^2$ wurden mit einem Klavierdraht von 0,2 mm Durchmesser ($E_1 > E$) nachgebildet und der durchlaufende

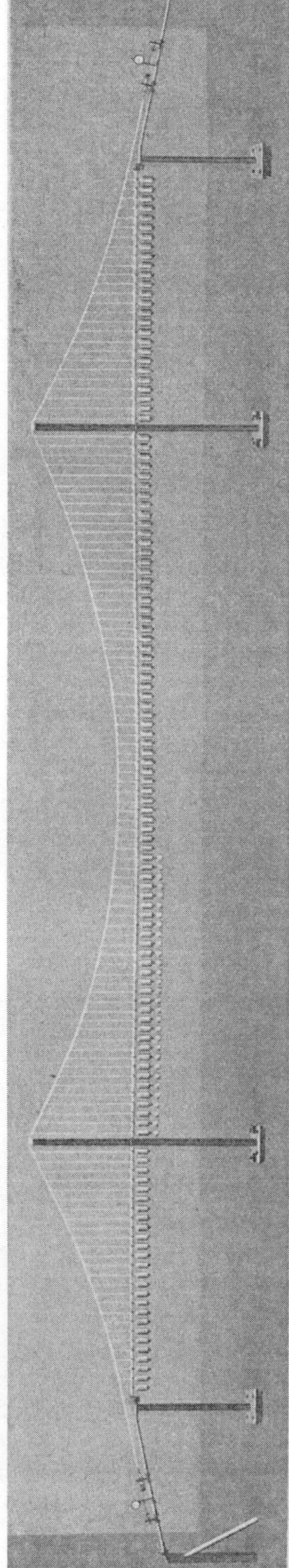

Abb. 16.

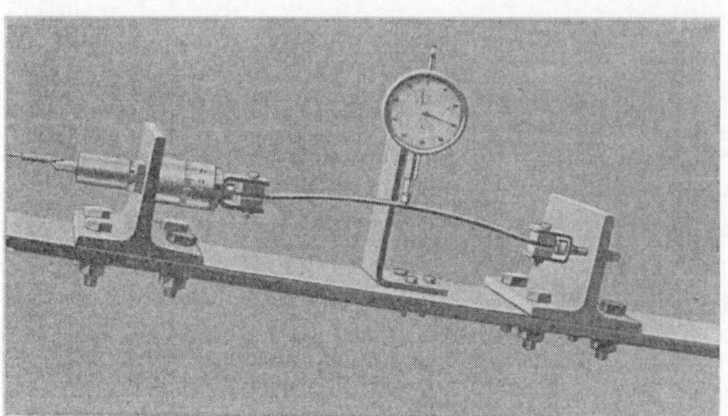

Abb. 17. Bestimmung des Kabelzuges durch Messung der Pfeiländerung des Bügels.

Abb. 18.

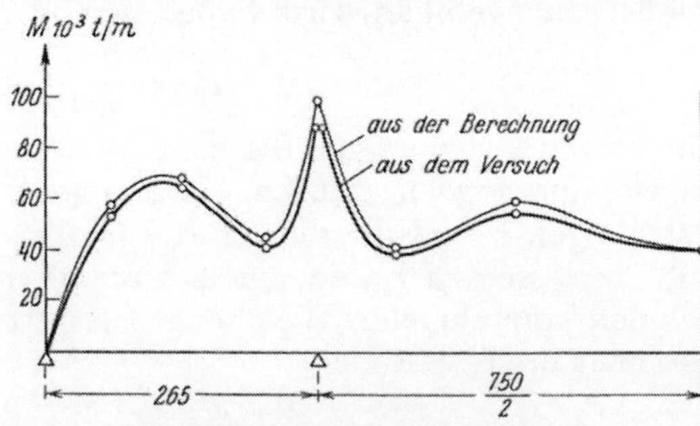

Abb. 19. Größtmomentenlinie.

Versteifungsträger von $J_x = 19\ \mathrm{m}^4$ mit einem Vierkantstahl aus St 37 von der Höhe $h = 14$ mm und der Breite $b = 7$ mm. Die steinerne Pylone mit J etwa $25\,000\ \mathrm{m}^4$ um die eigene Querschnittshauptachse senkrecht zur Längsrichtung der Brücke wurde am Modell unter der Annahme $E_1 = 10\ E$ durch zwei Stahlrohre von 51 mm Durchmesser und der Wanddicke $s = 2{,}5$ mm dargestellt.

Ein ähnliches Modell (Abb. 18) für die im ersten Teil dieser Arbeit als Beispiel untersuchte Brücke mit Versteifungsträgern von $J = 11\ m^4$ wurde im Maßstab $n = 250$ und $k = 500\,000$ gebaut. Das Modellkabel besteht aus einem Silberdraht von 1,1 mm Durchmesser mit dem aus Versuchen festgestellten E-Modul $E_{k1} = 2190\ t/cm^2$ und der Träger aus einem Vierkantstahl $8 \times 8\ mm^2$ aus St 37. Die den Gewichten $g = 26\ t/m$ und $p = 15\ t/m$ entsprechenden Belastungen am Modell betragen 130 g/cm und 75 g/cm. An diesem und dem erstgenannten Modell wurden seit zwei Jahren Versuche durchgeführt. Abb. 19 stellt die aus den Messungen am zweiten Modell gewonnene Kurve der dem absoluten Wert nach größten Momente des Trägers dar. Die Kurve aus den Versuchen ist den Rechnungswerten nach der üblichen Theorie II. Ordnung gegenübergestellt. Man erkennt, daß der Versuch etwas kleinere Werte ergibt als die übliche Theorie II. Ordnung. Daß die Theorie ungünstigere Ergebnisse liefert als der Versuch, ist im statischen Versuchswesen meistens der Fall, sei der Versuch am Bauwerk selbst oder am Modell durchgeführt. Die kleinen Abweichungen im vorliegenden Fall sind zum Teil auf die Ungenauigkeit der Modellausführung und der Messung zurückzuführen und erklären sich zudem auch aus den Ergebnissen der theoretischen Untersuchungen im ersten Teil dieser Arbeit. Im großen und ganzen stellten wir am Modell eine recht befriedigende Bestätigung der Theorie fest. Man muß sich darüber klar sein, daß die Abweichungen zwischen Rechnungswert und Versuchsergebnis bei den einfacheren und häufiger angewandten Tragkonstruktionen im Stahlbau unter Berücksichtigung der im allgemeinen vernachlässigte Neben- und Zusatzspannungen nicht unwesentlich größer sind als im vorliegenden Fall.

Im Versuchswesen hat sich die theoretische Lösung der Aufgabe seit jeher als unentbehrlich und richtunggebend erwiesen. Ebenso ist es hier mit den Modellversuchen der Hängebrücken. Die theoretische Untersuchung im ersten Teil zeigt z. B., daß die Höhe d und die Längsneigung des Trägers, sowie die Lage seiner Lagerungs- und Aufhängepunkte auch am Modell nachgebildet werden müßten, wenn die Wirkung der Schrägstellung von Hängern berücksichtigt werden soll. Weiter erkennen wir z. B. aus der theoretischen Untersuchung, daß die Wirkung der Temperaturänderung nur durch Erzeugung einer entsprechenden Temperaturschwankung im Modellraum nachgeahmt werden kann, nicht etwa durch das Anspannen oder das Nachlassen des Kabels. Denn bei einem Temperaturwechsel ändert sich nicht nur die Länge des Kabels, sondern auch die Länge der Hänger. Obwohl die Herstellung einer Temperaturschwankung von 50° C bis 60° C im Modellraum praktisch möglich ist, wird man der erheblichen Umstände wegen und in Anbetracht der leichtmöglichen Berechenbarkeit dieses Einflusses doch auf solche Versuche verzichten. Ferner folgt z. B. aus der abgeleiteten Modellregel, daß der Trägerquerschnitt dann geometrisch ähnlich nachgebildet werden muß, wenn der Einfluß der Schubverformung des Trägers auch erfaßt werden soll. Dies würde jedoch die an sich schon umständliche Herstellung eines solchen Modells bedeutend erschweren, so daß man praktisch von der Einhaltung dieser Bedingung Abstand nehmen muß. Aus diesen Betrachtungen erkennen wir schon die Notwendigkeit der theoretischen Untersuchungen und die Grenze der Leistungsfähigkeit der Modellversuche, die außerdem im wesentlichen durch die bei der Herstellung des Modells praktisch unvermeidbare Toleranz und die Ungenauigkeit der Versuchsdurchführung und -auswertung beschränkt ist.

Während die Untersuchung der Einzeleinflüsse auf Grund der mitgeteilten Wege, die mit Zahlenbeispielen untermauert sind, jede beliebige Zuschärfung und die Trennung der Einzeleinflüsse zahlenmäßig gestattet, kann das übliche Hängebrückenmodell nur größenordnungsmäßig richtige Werte liefern. Die Frage, ob die Berechnung nach der Theorie II. Ordnung — also ohne die hier untersuchten Nebeneinflüsse — oder die Meßwerte Anspruch auf größere Wirklichkeitstreue ergeben können, kann man damit gar nicht beantworten. Denn wir müssen uns immer wieder vergegenwärtigen, daß trotz peinlichster Arbeit die unvermeidbaren Toleranzen und Messungsgenauigkeiten von nahezu gleicher Größenordnung wie die meisten Nebeneinflüsse sein können. Es sei hier beispielsweise daran erinnert, daß der Einfluß der Schrägstellung der Hänger von der Höhe und Lagerungsart des Versteifungsträgers abhängig ist. Es wäre aber gar nicht möglich, diese Nachahmung bei der Projektierung der Brücke so weitgehend zu berücksichtigen. Selbst nach Ausführung der Brücke würde eine vollkommene mechanische Ähnlichkeit des Modells nicht erreichbar sein, wie die Betrachtung des Einflusses der Schubverformungen zeigte. Dagegen können natürlich solche Hängebrückenmodelle dazu dienen, um den Nachweis zu erbringen, daß die Theorie II. Ordnung der Wirklichkeit viel mehr entspricht als die Theorie I. Ordnung, denn die Unterschiede der Ergebnisse beider Theorien, z. B. in der Durchbiegung, sind groß genug, um dieses qualitative Urteil zu ermöglichen. Nebeneinflüsse muß man dagegen rechnerisch untersuchen, und erfreulicherweise sind dazu die Grundlagen vorhanden.

Wenn das übliche Hängebrückenmodell danach für die Nachprüfung der Rechnungsergebnisse der Theorie II. Ordnung geeignet ist, ohne daß man über Abweichungen der Meßwerte von den Rechnungswerten zu stolpern braucht, könnte die Frage aufgeworfen werden, ob es nicht zweckmäßig ist, an Stelle der umfangreichen Rechnung nach der Theorie II. Ordnung solche Modelle heranzuziehen und nach ihren experimentellen Ergebnissen die Brücke zu bauen. Hierzu ist zu sagen, daß — wie die Durchrechnung vieler Hängebrückenbeispiele gelehrt hat — in der Gesamtheit gesehen der Zeitaufwand für die Ermittlung der Schnitt- und Formänderungsgrößen der Brücke im endgültigen Zustand auf rechnerischem Wege gar nicht größer ist als auf experimentellem, denn die Herstellung eines derartigen Modelles ist sehr umständlich und zeitraubend. Auch zur Untersuchung des statischen Verhaltens verschiedener Entwürfe beim Projektieren einer Brücke kommt man mit der Berechnung schneller zum Ziele, weil man an einem solchen Modell die Tragwerksabmessungen, z. B. die Stützweiten l, die Kabelpfeile f und die Trägheitsmomente J des Trägers usw. nicht leicht und schnell ändern kann, so daß praktisch für diesen Zweck mehrere Modelle gebaut werden müssen. Es unterliegt ferner auch keinem Zweifel, daß der Ingenieur die Berechnung, die es ihm erlaubt, das Kräftespiel zu beherrschen und in seinem funktionalen Zusammenhang zu übersehen, einer rein experimentellen Untersuchung stets vorziehen wird. Er wird die Modellmessungen höchstens zur Bestätigung der ausreichenden Zuverlässigkeit seiner Berechnung verwenden, sofern hierzu überhaupt eine Notwendigkeit vorliegt. Diese wäre im übrigen vielmehr gegeben bei Tragwerken, die wir tagtäglich bauen, und bei denen die Vernachlässigungen in der statischen Berechnung gegenüber einer sauberen Hängebrückenberechnung nach der Theorie II. Ordnung viel größer sein können. Man denke z. B. an die Nebenspannungen in Fachwerken, die Vernachlässigung der Eigenspannungen in geschweißten Konstruktionen usw.

Wir haben in der Zusammenfassung des ersten Teiles dieser Arbeit erörtert, daß die Theorie II. Ordnung für die Berechnungsgenauigkeit einer Hängebrücke im allgemeinen völlig ausreicht; sofern Einzeleinflüsse interessieren, sind sie nur rechnerisch zu untersuchen. Ferner wurde festgestellt, daß es keinen Vorteil bietet, ein Hängebrückenmodell, wie es anfangs in Amerika und neuerdings auch in Deutschland angewandt wurde, an Stelle der Berechnung zu verwenden. Wollte man den Zeitaufwand für die Berechnung nach der Theorie II. Ordnung, der natürlich immerhin recht erheblich ist, mit experimentellen Mitteln verringern, so mußte man bestrebt sein, insbesondere die beschränkten Einflußlinien schnellstens messen zu können. Hierzu eignet sich nun das bisher übliche Hängebrückenmodell sehr viel weniger als das sogenannte „vereinfachte Hängebrückenmodell", dessen Genauigkeit, wie nachstehende Zahlenbeispiele lehren, für die Theorie II. Ordnung vollkommen ausreicht. Der Zeitgewinn wird vor allem bei der Berechnung von Vorentwürfen einer Hängebrücke von besonderer Bedeutung sein, weil es dann im allgemeinen notwendig ist, die Bauwerksabmessungen zu variieren. Gerade diese Anpassungsfähigkeit an veränderte Bauwerksverhältnisse weist auf die Überlegenheit des vereinfachten Hängebrückenmodells hin, das überdies auch leicht und schnell hergestellt werden kann. Selbstverständlich soll dieses vereinfachte Hängebrückenmodell keinesfalls nur der Veranschaulichung dienen. Seine Anwendung ist überhaupt nur dem zu empfehlen, der eine Hängebrückenberechnung nach der Theorie II. Ordnung routiniert durchführen kann. Dieses vereinfachte Hängebrückenmodell soll also nicht die Theorie ersetzen, sondern es stellt vielmehr eine Durchdringung der Theorie mit Hilfe eines Gedankenmodells zwecks Zeitgewinn dar.

Unter völlig anderen Gesichtspunkten ist die Verwendung des üblichen Hängebrückenmodells zur Untersuchung der Montagezustände zu betrachten, weil es in diesem Fall in sehr viel kürzerer Zeit als die Berechnung und mit hierfür ausreichender Genauigkeit Klarheit über die einzelnen Montagezustände (die Verformungen und die statischen Größen) vermittelt, die überdies manchmal auch rechnerisch sehr schwer zu erfassen sind.

B. Das vereinfachte Hängebrückenmodell (DRP. a.).

Wie wir im I. Abschnitt des ersten Teiles dargelegt haben, läßt sich die Berechnung der Hängebrücke nach der Theorie II. Ordnung vollkommen auf diejenige des dem Versteifungsträger entsprechenden „stellvertretenden“ Trägers zurückführen, der durch die Querlasten p und $y''Hp$ sowie den Axialzug H belastet ist. Danach kann man also auch das statische Verhalten einer Hängebrücke am Modell ihres stellvertretenden Trägers veranschaulichen und untersuchen. Auf diesem Gedanken beruht das vereinfachte Hängebrückenmodell, das also aus einem dem Versteifungsträger nachgebildeten und entsprechend gelagerten Stab besteht. An einem solchen Modell kann man sowohl die Schnitt- und Formänderungsgrößen für beliebige Belastungen als auch ihre beschränkten Einflußlinien leicht ermitteln. Wir wollen im folgenden zunächst die theoretischen Grundlagen hierfür näher erläutern und dann auf die Konstruktionen des Modells sowie die Durchführung und das Ergebnis der Versuche eingehen.

1. Theoretische Grundlagen für die Anwendung des vereinfachten Hängebrückenmodelles.

a) Ermittlung und Anwendung der beschränkten Einflußlinien.

Wir fangen mit der beschränkten Einflußlinie für H_p an und gehen von Gl. (10) aus. Da die beschränkte Einflußlinie nur für die Verkehrslast p entwickelt wird, lassen wir das Temperaturglied in der Gleichung zunächst außer Acht. Um die Gleichung der H_p-Linie in einer für ihre Ermittlung auf dem experimentellen Wege zweckmäßige Form zu entwickeln, multiplizieren wir Gl. (10) mit ϱ_c nach Gl. (3), um y'' von der Biegefläche zu entfernen, und zerlegen diese gemäß Gl. (4) in zwei Teile. Mit $\lambda_i = \varrho_c/\varrho_i$ lautet sie also

$$\Sigma\lambda_i\int_0^{l_i}\eta\,dx = \Sigma\lambda_i F_{\eta_i}(p) + \Sigma\lambda_i F_{\eta_i}(y''H_p), \tag{231}$$

worin sich die Summe über alle Versteifungsträger erstreckt. Den zweiten Summanden auf der rechten Seite dieser Gleichung kann man in der Form

$$\Sigma\lambda_i F_{\eta_i}(y''H_p) = -H_p\frac{1}{\varrho_c}\Sigma\lambda_i F_{\eta_i}(\lambda) \tag{232}$$

schreiben, weil bei der Ermittlung der beschränkten Einflußlinien eine bestimmte Größe des Axialzuges H angenommen wird und dieser dann unverändert bleibt, so daß zwischen η und der Querlast $y''H_p$ die lineare Proportionalität besteht. Der Summenausdruck auf der rechten Seite der Gl. (232) stellt die λ-fache Biegefläche des stellvertretenden Trägers infolge der Vollasten λ_1, λ_2, ... dar (Abb. 20).

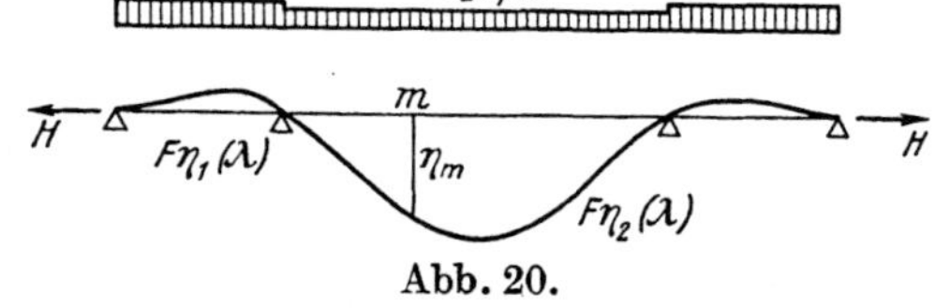

Abb. 20.

Der erste Summenausdruck in Gl. (231) bedeutet für die Einflußlinie die λ-fache Biegefläche infolge der wandernden Einzellast $P_m = 1$ an einer beliebigen Stelle m. Mit η_{xm} = Durchbiegung im Punkt x infolge $P_m = 1$ t wird also

$$\Sigma\lambda_i F_{\eta_i}(P_m = 1) = \Sigma\lambda_i\int_0^{l_i}\eta_{xm}\,dx. \tag{233}$$

Berechnen wir nun die Durchbiegung η_m des Punktes m infolge der Vollasten $\lambda_1, \cdots \lambda$ (Abb. 20), so ergibt sie sich mit η_{mx} = Durchbiegung im Punkt m infolge einer Kraft 1 t an der Stelle x zu

$$\eta_m(\lambda) = \Sigma\int_0^{l_i}\eta_{mx}(\lambda_i\,dx) = \Sigma\lambda_i\int_0^{l_i}\eta_{mx}\,dx. \tag{234}$$

Da beim Träger mit Querlasten und konstantem Axialzug der Maxwellsche Satz von der Gegenseitigkeit der Formänderungen auch Gültigkeit besitzt, also $\eta_{xm} = \eta_{mx}$ ist, so folgt aus den vorstehenden Gleichungen, daß die λ-fache Biegefläche infolge einer Einzellast 1 t im Punkt m zahlenmäßig gleich ist der Durchbiegung des Punktes m infolge der Vollasten λ t/m. Dieser Satz, der in der unter Fußnote 2 auf S. 3 angegebenen Arbeit zuerst abgeleitet wurde, leistet für die Ermittlung der H_p-Linie sowohl auf rechnerischem als auch auf experimentellem Wege gute Dienste.

Führt man nun die Gl. (234) und (232) in Gl. (10) ein, so ergibt sich die Gl. der beschränkten Einflußlinie für H_p zu

$$H_p = \frac{\eta_m(\lambda)}{\frac{L\,\varrho_c}{E_k F_k^0} + \frac{1}{\varrho_c} \Sigma \lambda_i F_{\eta_i}(\lambda)} . \tag{235}$$

Zur Ermittlung der H_p-Linie braucht man also das vereinfachte Modell nur mit den Vollasten λ zu belasten und hierfür die Biegelinie auszumessen. Diese Biegelinie ist schon verhältnisgleich der H_p-Linie, weil sie den Zähler der Gl. (235) darstellt. Aus ihr läßt sich auch der Summenausdruck im Nenner leicht ausrechnen.

Die beschränkten Einflußlinien für die Schnitt- und Formänderungsgrößen des Versteifungsträgers setzen sich den beiden Querlasten p und $y''H_p$ nach Gl. (4) entsprechend aus zwei Teilen zusammen, z. B. die M_m- Linie des durchlaufenden Versteifungsträgers einer Hängebrücke über drei Öffnungen in Abb. 21 c. Der erste Teil entspricht der Teilbelastung p und ist gleich der Einflußlinie für das Moment M_m'' des stellvertretenden Trägers mit dem Axialzug H (Abb. 21 a). Den zweiten Teil erhält man, indem man das M_m'' infolge der Vollasten $y'' H_p$ berechnet. Es wird sich zu $\mu_{Mm} H_p$ ergeben. Das bedeutet, daß der zweite Teil der beschränkten Einflußlinie gleich ist der H_p-Linie multipliziert mit dem Beiwert μ_{Mm} (Abb. 21 b). Die algebraische Summe der beiden Linien stellt dann die gesuchte Einflußlinie dar (Abb. 21 c).

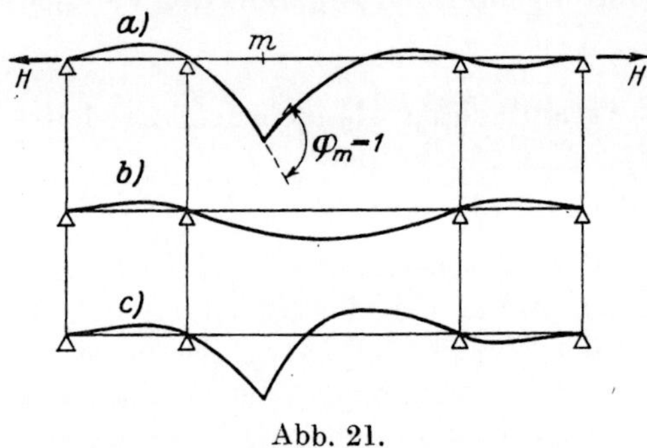

Abb. 21.

Der Beiwert μ läßt sich auf zwei verschiedenen Wegen bestimmen. Der eine Weg ist der, daß man die erste Teileinflußlinie mit den Vollasten $y_i'' = -1/\varrho_i$ t/m in den Öffnungen i auswertet. Der andere besteht darin, daß man die gesuchte Größe, z. B. M_m, am Modell mißt. Bei der Ermittlung der H_p-Linie wurde ja das Modell mit den Vollasten $\lambda_i = \varrho_c/\varrho_i$ t/m belastet. Mißt man in diesem Lastfall die gesuchte Größe aus und multipliziert sie mit $-\frac{1}{\varrho_c}$, so ist das gleich dem Beiwert μ. Wird die gesuchte Größe aus Spannungsmessung ermittelt, so muß man allerdings darauf achten, daß nur die Biegespannung infolge der Querlasten λ_i zu nehmen ist, während die Axialzugspannung infolge H ausgeschaltet werden muß. Die auf beiden Wegen ermittelten Multiplikatoren μ können sich gegenseitig kontrollieren.

Bei der Ermittlung der beschränkten Einflußlinie für andere Größen, die Querkraft, die Durchbiegung und den Biegewinkel, geht man auf dieselbe Weise vor. Man braucht also praktisch jeweils lediglich die Einflußlinie derselben Größe des stellvertretenden Trägers, d. i. die erste Teileinflußlinie, zu kennen. Diese Linien lassen sich nun aber ganz einfach am Modell ermitteln. Denn es gilt bekanntlich der Satz:

Die Einflußlinie irgendeiner statischen Größe X(M, Q einschließlich Auflagerreaktionen) in einem Tragwerk ist gleich der Biegelinie desselben, die dadurch entsteht, daß man die Wirkung der Größe X im Tragsystem ausschaltet und an der Stelle eine Formänderung von der Größe eins in der entgegengesetzten Richtung von $+X$ erzeugt.

Demnach braucht man am Modell zur Herstellung der Einflußlinie für das Biegemoment M_m nur ein Gelenk im Punkt m einzubauen und einen Drehwinkel $\varphi_m = 1$ in der Richtung von $-M_m$ anzubringen. Für die Einflußlinie der Querkraft Q_m ist entsprechend im Punkt m eine starre Führung senkrecht zur Stabachse anzuordnen, womit man die Querschnitte links und rechts von m in der Richtung von $-Q_m$ gegenseitig um den Betrag $\delta_m = 1$

verschieben kann, ohne sie dabei gegenseitig zu drehen. Die Einflußlinien der Formänderungsgrößen im Punkt m, der Durchbiegung η_m oder des Biegewinkels τ, lassen sich noch einfacher bestimmen; denn sie sind ja gleich der Biegelinie infolge $P_m = 1$ oder $M_m = 1$.

Es soll nun noch die Ermittlung der beschränkten Einflußlinien für die Zugkraft des Hängers Z_m an der Stelle m erläutert werden. In der Berechnung der Hängebrücke denkt man sich die Hänger so dicht nebeneinander angeordnet, daß die am Hängegurt angreifenden lotrechten Kräfte $z_g + z_p + z_t$ als stetig verteilt angesehen werden, was praktisch auch ohne weiteres zulässig ist. Die Einflußlinie für z_p (im folgenden kurz mit z bezeichnet) können wir auf zwei verschiedenen Wegen ermitteln. Der erste besteht darin, daß man die Differenz zweier Einflußlinien für die Querkräfte des Trägers im Schnitt m und $m + \Delta x$ bildet und durch Δx dividiert. Denn es gilt

$$-\frac{\Delta Q_m}{\Delta x} = p_m - z_m. \tag{236}$$

Der zweite Weg geht von der Gleichgewichtsbetrachtung am Hängegurt aus:

$$-z_m = y''_m H_p + H \eta''_m.$$

Setzt man darin $y''_m = -1/\varrho_m$ und $\eta''_m = -M_m/E J_m$ ein, so wird

$$\varrho_m z_m = H_p + \frac{\varrho_m H}{E J_m} M_m. \tag{237 a}$$

Die beschränkte Einflußlinie für die stetig verteilte Zugkraft der Hänger z_m läßt sich also aus der H_p- und M_m-Linie unmittelbar errechnen. In dieser Gleichung ist H gleich der Axialzugkraft zu setzen, die der beschränkten Einflußlinie für H_p und M_m zugrunde liegt. Gl. (237a) entsprechend berechnet sich das z_{mt} infolge der Temperaturänderung zu (H_t und M_{mt} siehe später)

$$\varrho_m z_{mt} = H_t + \frac{\varrho_m H}{E J_m} M_{mt}. \tag{237 b}$$

Ist der Abstand der Hänger gleich e, so beträgt unter der Annahme, daß innerhalb der kurzen Strecke von $m - e/2$ bis $m + e/2$ die Kraft z_m konstant ist, die Zugkraft des Hängers $Z_m = e z_m$.

Aus den vorangehenden Ausführungen ersieht man, daß alle beschränkten Einflußlinien der Hängebrücken ganz anschaulich am vereinfachten Modell ermittelt werden können. Dies ist am bisherigen Hängebrückenmodell nicht ohne weiteres möglich. Man kann hier die Einflußlinien praktisch nur punktweise bestimmen, indem man eine Last am Modell wandern läßt und die gesuchte Größe jeweils mißt. Dabei muß die gewollte Zugkraft H im Kabel durch Vorlast erzeugt werden und die beiden Enden des Kabels müssen durch Gegengewicht haltend verschieblich gelagert sein, damit das H des Kabels unverändert bleibt. Abgesehen von seiner Umständlichkeit ist dieser Weg praktisch schon aus dem Grunde ungeeignet, weil die durch die wandernde Einzellast — deren Größe durch die Tragfähigkeit der Hänger beschränkt ist — hervorgerufene gesuchte Größe zu klein ist und infolgedessen nicht ausreichend genau gemessen werden kann. Hinsichtlich der Ermittlung der beschränkten Einflußlinien ist also das vereinfachte Modell dem bisherigen komplizierteren sogar überlegen. Dieser Vorteil des vereinfachten Modells erlangt um so mehr Bedeutung, als für den Statiker die Einflußlinien das wichtigste Rüstzeug und die anschaulichste Erläuterung des statischen Verhaltens des Bauwerkes bedeutet.

Nun soll kurz erläutert werden, wie man die gesuchte Größe, z. B. M_m, aus den beschränkten Einflußlinien berechnet[1]. Angenommen, daß man drei M_m-Linien für den Axialzug H_I, H_{II} und H_{III} mit der jeweils maßgebenden Belastung p ausgewertet hat, ebenso die drei H_p-Linien für H_I, H_{II} und H_{III} mit der jeweils gleichen Belastung p. Weiter habe man für die drei Zustände H_t und M_{mt} infolge der Temperaturänderung t berechnet

$$H_t = \frac{\mp \alpha_t t L_t}{N} \tag{238}$$

$$M_{mt} = \mu_m H_t, \tag{239}$$

[1] H. Neukirch: Berechnung der Hängebrücke bei Berücksichtigung der Verformung des Kabels. Ing.-Arch. 1936, H. 7, S. 140—155.

worin N den Nenner in Gl. (235) und μ_{Mm} den vorhin erläuterten Beiwert bedeuten, die ja bereits bei der Ermittlung der beschränkten Einflußlinien berechnet wurden. Aus diesen Größen M_{mp} und M_{mt}, sowie $H(p)$ und H_t läßt sich dann das gesuchte Moment M_m infolge p und t leicht auf dem graphischen Wege ermitteln (Abb. 22). Die Kurven in dieser Abb. verlaufen meistens fast geradlinig, so daß man praktisch das gesuchte M_m aus zwei Werten von $M_m(p+t)$ und $H_p = H(p) + H_t$ durch geradlinige Interpolation ausreichend genau bestimmen kann. Als die Axialzugkräfte, die den beschränkten Einflußlinien zugrunde liegen, werden praktisch $H_I = H_g$, $H_{II} \approx H_g + \frac{1}{2} \max H_p$ und $H_{III} \approx H_g + \max H_p$ genommen. Im Falle, daß nur zwei Einflußlinien benutzt werden, kann man H_g und das vorstehende H_{II} oder H_{III} wählen.

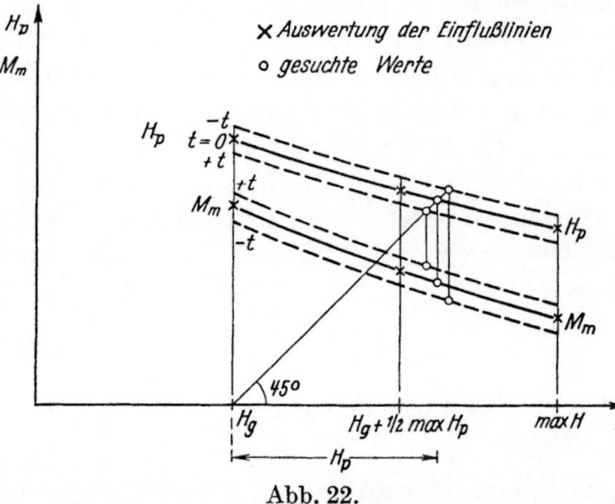

Abb. 22.

b) Ermittlung der Schnitt- und Formänderungsgrößen des Versteifungsträgers für gegebene Belastung p.

Die gesuchte Größe setzt sich sich stets aus zwei Teilen zusammen, dem einen infolge der Last p und dem anderen infolge der Last $y'' H_p$. Der erste Teil läßt sich unmittelbar am Modell messen, weil die Last p ihrer Größe und Lage nach bekannt ist. Der zweite Teil infolge der Vollasten $y'' H_p$ ist, wie bereits im vorangehenden Unterabschnitt a) erläutert wurde, gleich μH_p und der Multiplikator μ kann aus Messungen bestimmt werden. Um den zweiten Teil der gesuchten Größe zu ermitteln, braucht also nur die H_p-Linie für die gegebene Belastung p ausgewertet zu werden. Hat man auf diese Weise zwei oder drei Werte der gesuchten Größe für zwei oder drei Axialzugkräfte H_g, H_{II}, H_{III} gewonnen, dann kann der richtige Wert, wie im vorangehenden Unterabschnitt beschrieben, durch Interpolation bestimmt werden.

2. Konstruktion des Modelles und Durchführung der Versuche.

a) Maßstäbe.

Wir haben am Modell nur die Biegesteifigkeit des Trägers nachzubilden. Da in diesem Fall die Durchbiegungen eine große Rolle spielen und infolgedessen auch im Maßstab $1 : n$, wie die Stützweiten wiedergegeben werden müssen, gilt

$$J_1 = \frac{E}{E_1} \frac{1}{k' n^4} J . \tag{240}$$

Das ist die einzige Bedingungsgleichung. Es steht uns eigentlich frei, die Maßstäbe n und $k = k'n^2$ für die Stützweiten des Trägers und die Kräfte zu wählen. Praktisch wird man jedoch den Maßstab n und einen geeigneten Träger mit E_1 und J_1 [1] festlegen, und zwar mit Rücksicht darauf, daß sich ein geeigneter Kräftemaßstab $k'n^2$ aus der vorstehenden Gleichung ergibt. Die Schnitt- und Formänderungsgrößen des stellvertretenden Trägers sind dem Axialzug H nicht linear proportional. Deshalb muß der Axialzug am Modell

$$H_1 = \frac{H}{k' n^2} \tag{241}$$

betragen. Für die Querlasten P t und p t/m gelten zwar auch die Beziehung (241) und

$$p_1 = \frac{p}{k' n}, \tag{242}$$

aber die Gewichte am Modell brauchen nicht unbedingt gleich P_1 und p_1 zu sein. Man kann nämlich $m P_1$ und $m p_1$ nehmen. Die hierfür gewonnenen Meßwerte dividiert durch m sind

[1] Zur Ermittlung von J_1 des Modellträgers müssen seine Querschnittsabmessungen, insbesondere die Höhe genau gemessen werden. Es könnte sich ein erheblicher Fehler von J_1 ergeben, wenn man hierfür die Sollgrößen des gewählten Profiles einsetzt.

dann gleich denjenigen für die Belastung P_1 und p_1, weil zwischen den Querlasten und den Schnitt- und Formänderungsgrößen des stellvertretenden Trägers, wie bereits wiederholt erwähnt, die lineare Beziehung besteht.

An dieser Stelle wollen wir auf die Anpassungsfähigkeit des Modells hinweisen. Zunächst ist das Modell unabhängig vom Hängegurt der Brücke. Man kann also die Pfeile f, den Werkstoff und Querschnitt E_k, F_k des Hängegurtes beliebig variieren, ohne das Modell zu ändern. Die einmal gewonnenen Meßwerte können auch immer verwendet werden. Es ändern sich nur die Zahlenwerte im Nenner der Gl. (235) und evtl. auch H_g. Die Größen $\eta_m(\lambda)$ und $\sum \lambda_i F \eta_i(\lambda)$ müssen nur dann neu ermittelt werden, wenn nach Gl. (2) $\lambda_i = g_c : g_i$, d. h. das Verhältnis der ständigen Lasten in den verschiedenen Öffnungen, geändert ist. Will man die Stützweite der Brücke variieren, so brauchen nur die Auflager des Trägers am Modell verschoben zu werden. Wenn man Träger von verschiedenen Steifigkeiten J untersuchen will, deren Verlauf $J = f(x)$ affin ist, d. h. zwischen $J_I = f_I(x)$ und $J_{II} = f_{II}(x)$ die Beziehung

$$J_I : J_{II} = f_I(x) : f_{II}(x) = \nu \tag{243}$$

besteht, so kann man ein und denselben Träger immer benutzen. Es braucht nur der Kräftemaßstab abgeändert zu werden. Bezeichnen k_I und k_{II} die Kräftemaßstäbe für J_I und J_{II}, so gilt

$$\frac{k_I}{k_{II}} = \frac{J_I}{J_{II}} = \nu . \tag{244}$$

Für den neuen Kräftemaßstab braucht man auch nicht die Messungen zu wiederholen. Die Meßwerte für den Lastzustand H_I und p_I am Träger von J_I sind ja gleich denjenigen am Träger von J_{II} für den Lastfall H_{II} und p_{II}, und zwar ist

$$H_I : H_{II} = p_I : p_{II} = \nu .$$

Man braucht also der Änderung des Trägheitsmomentes von J_I zu J_{II} nur durch einen Multiplikator ν bei der Auswertung der Versuchsergebnisse Rechnung zu tragen. Aus der vorhergehenden Ausführung geht hervor, daß man an ein und demselben Modell alle Variationen der Systemabmessungen leicht untersuchen kann. Das Modell ist also sehr anpassungsfähig.

b) Konstruktion des Modelles.

Beim Bau des Modelles muß man vor allem darauf achten, daß der Axialzug H nur an denjenigen Trägerteilen angebracht wird, die im Bauwerk am Hängegurt aufgehängt sind, weil für die nicht aufgehängten Teile die Gl. (4)′ gilt. Ferner muß die Kraft H unabhängig von der Querbelastung und dem Formänderungsangriff des Trägers sein. Um dies zu ermöglichen, lagere man den Träger nur an einer Stelle fest und über den übrigen Auflagern möglichst reibungslos beweglich und erzeuge die Axialzugkraft H durch ein entsprechendes Gegengewicht G. Ein weiterer Punkt, der auch Beachtung verdient, ist der, daß die Auflagerpunkte des Trägers möglichst auf einer waagerechten Geraden liegen sollen. Schwache Krümmungen der Trägerachse innerhalb der Öffnungen spielen dagegen keine Rolle.

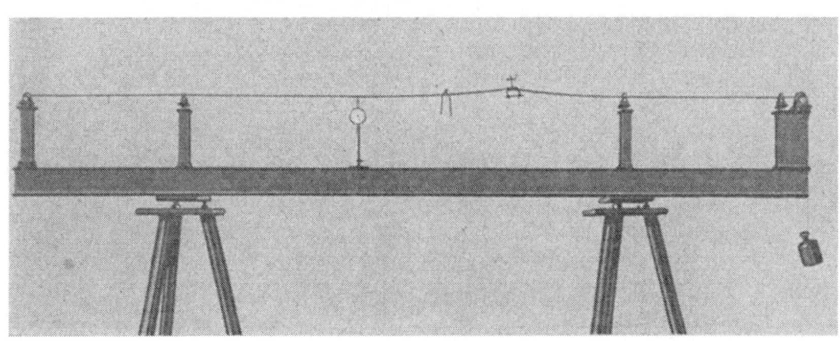

Abb. 23.

Abb. 23 bis 27 stellen das vereinfachte Modell nebst den Konstruktionseinzelheiten für die im ersten Teil dieser Arbeit als Beispiel untersuchte Brücke mit durchlaufendem Versteifungsträger von $J = 11\ \text{m}^4$ über drei Öffnungen $265 + 750 + 265$ dar (s. a. Abb. 18). Der Maßstab für die Länge beträgt $n = 500$. Der Träger besteht aus einem Flachstahl aus St 37, dessen Querschnittsabmessungen nach Profilbezeichnung $10 \times 3\ \text{mm}^2$ und nach der genauen Messung $9{,}98 \times 2{,}97\ \text{mm}^2$ betragen. Das Trägheitsmoment J_1 ergibt sich zu[1] 21,78 mm^4. Damit erhalten wir den Kräftemaßstab nach Gl. (240) zu $k = 2{,}02\ 10^6$.

Der Träger ist am linken Auflager fest ùnd an den übrigen beweglich auf Rollen (Abb. 24) gelagert. Der Axialzug wird durch das Gegengewicht G erzeugt. Damit das Gewicht nicht zu

Abb. 24.

Abb. 25.

schwer und unhandlich wird, ist zwischen H und G eine 4,85 fache Übersetzung eingeschaltet (Abb. 25). Wie später gezeigt wird, werden die beschränkten Einflußlinien für $H_I = H_g = 12\,013$ t und $H_{II} = \max H = 32\,350$ t ermittelt. Hierfür betragen die Gegengewichte am Modell $G_I = 2{,}145$ kg und $G_{II} = 3{,}302$ kg.

Abb. 26 und 27 zeigen die Ausbildung des Gelenkes und der Führung senkrecht zur Trägerachse zur Erzeugung der Einflußlinien für das Biegemoment und die Querkraft.

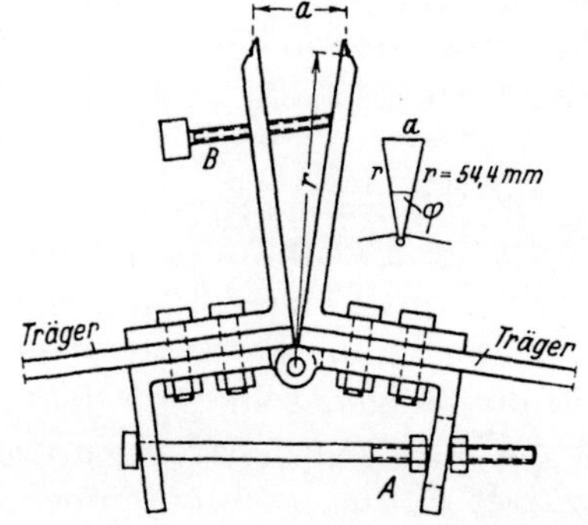

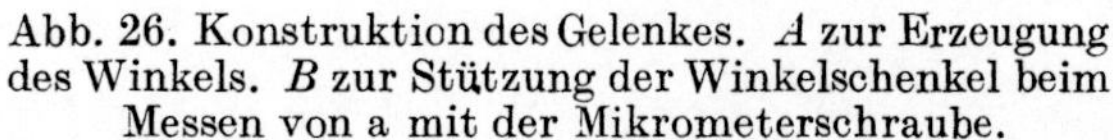

Abb. 26. Konstruktion des Gelenkes. A zur Erzeugung des Winkels. B zur Stützung der Winkelschenkel beim Messen von a mit der Mikrometerschraube.

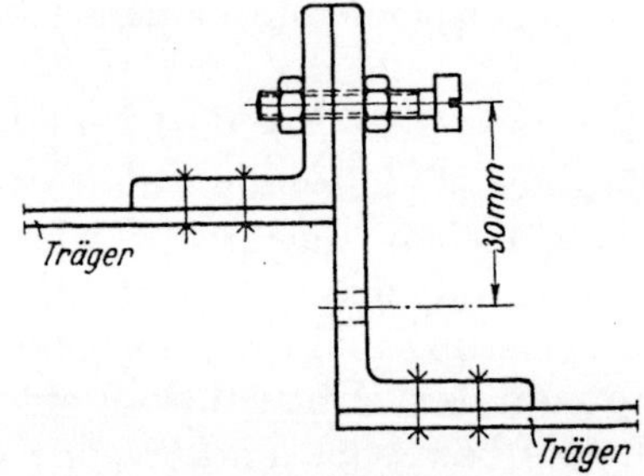

Abb. 27. Konstruktion der Querschnittsführung.

c) Durchführung der Versuche.

Bei der Durchführung der Versuche empfiehlt es sich stets, daß man zur Bestimmung der Durchbiegungen oder anderer Größen des Trägers infolge der Last p oder der Drehung φ zunächst kleine Vorbelastung p_0 oder φ_0 und dann $p_0 + p$ oder $\varphi_0 + \varphi$ am Träger anbringt und die Differenz der gesuchten Größen mißt. Um die Meßgenauigkeit zu steigern, belaste man den Träger möglichst stark. Dabei ist allerdings zu beachten, daß der Träger an keiner Stelle über die Elastizitätsgrenze beansprucht werden darf. Zur Messung der Durchbiegungen kann man entweder Maßstäbe auf den Träger stellen und sie mit Nivellier-Instrument ablesen oder zur Erzielung größerer Genauigkeit Meßuhren benutzen (Abb. 23).

3. Versuchsergebnisse.

Im folgenden sollen einige am vorhin erläuterten Modell gewonnenen beschränkten Einflußlinien und ihre Auswertung mitgeteilt werden. Dem Versuchsergebnis wird jeweils der

[1] Für den Nennquerschnitt 10×3 mm^2 beträgt $J_1 = 22{,}50$ mm^4. Das ist um rund 4% größer als das wirkliche J_1.

Rechnungswert nach der üblichen Theorie II. Ordnung gegenübergestellt, um die Zuverlässigkeit des Modelles zu überprüfen.

a) Die beschränkten Einflußlinien für H_p (Abb. 28).

Es wurden, wie erwähnt, die beschränkten Einflußlinien für die Axialzugkräfte $H_I = H_g = 21\,013$ t und $H_{II} \sim \max H = 32\,350$ t ermittelt. Hierzu wird der Träger mit Vollast $p_1 = 14{,}32$ g/cm über die ganze Länge (λ in drei Öffnungen gleich eins, weil g gleich ist) belastet, d. h. je 15 cm ein Gewicht von 215 g. Die gemessenen Durchbiegungen in der Mittelöffnung sind in der ersten Zeile der nachstehenden Tafel 2 wiedergegeben. Sie entsprechen den Werten für eine Belastung in der natürlichen Größe von $p = p_1\, k/n = 5{,}785$ t/m. Die Meßwerte dividiert durch diese Zahl und multipliziert mit $n = 500$ stellen dann die Durchbiegungen für $p = \lambda = 1$ t/m, den Zähler in Gl. (235), dar. Die H_p-Linie ist also gleich der gemessenen Biegelinie multipliziert mit $500/5{,}785\, N$, worin N der Nenner in Gl. (235) bedeutet und dessen zweiter Summand, die Biegefläche, aus der gemessenen Biegelinie unter Berücksichtigung der Maßstäbe leicht ermittelt werden kann.

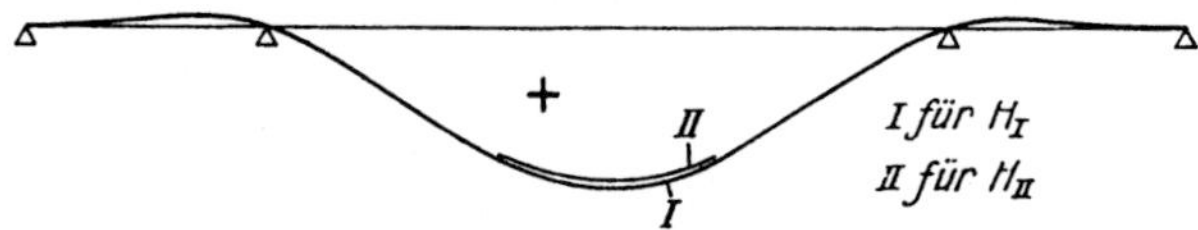

Abb. 28. Beschränkte Einflußlinien für H_p.

Tafel 2. H_p-Linie in der Mittelöffnung ($H = 32\,350$ t).

$x : l =$	0	0,1	0,2	0,3	0,4	0,5
$\eta_1\,(p_1)$ [1] cm . .	0	0,40	0,89	1,30	1,57	1,65
H_p	0	0,383	0,853	1,245	1,504	1,581
H_p aus der Berechnung . .	0	0,375	0,848	1,248	1,505	1,593

b) Die beschränkten Einflußlinien für die Durchbiegung in der Mitte der Mittelöffnung η_m (Abb. 29).

Der Träger wird in der Mitte mit einer Last $P = 915$ g belastet. Aus den hierfür gemessenen Durchbiegungen $\eta_1\,(P_1)$ (Tafel 3) ergeben sich unter Berücksichtigung der Maßstäbe n und k diejenigen in natürlicher Größe für $P = 1$ t. Diese Biegelinie ist gleich der ersten Teileinflußlinie, deren gesamte Fläche über drei Öffnungen multipliziert mit y'' t/m den Beiwert μ liefert. Die zweite Teileinflußlinie ist also gleich der μ-fachen H_p-Linie. Die gesuchte η_m-Linie ergibt sich durch Addition der beiden Teileinflußlinien. In Tafel 3 sind die Ordinaten in mm für die Belastung P in t angegeben.

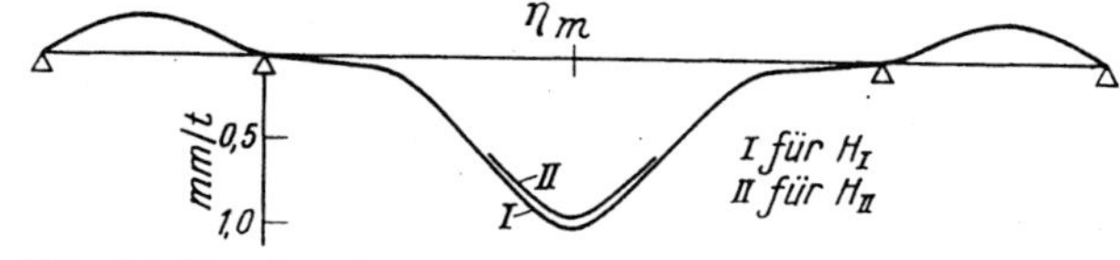

Abb. 29. Beschränkte Einflußlinen für die Durchbiegung η_m.

Es wurden die beiden beschränkten Einflußlinien für $H_I = H_g = 21013$ t und $H_{II} = 32\,350$ t mit einer Belastung $p = 15$ t/m und einer Temperaturänderung $t = +25°$ C ausgewertet. Die Zahlenwerte betragen z. B. im ersten Fall:

Tafel 3. η_m-Linie in der Mittelöffnung ($H_I = H_g$).

$x : l =$	0	0,1	0,2	0,3	0,4	0,5
$\eta_1\,(P_1)$ [1] mm	0	3,5	8,1	13,0	16,7	18,5
$\eta\,(P = 1\text{ t})$ mm	0	0,948	2,191	3,516	4,517	5,004
μH_p mm . . .	0	—0,951	—2,135	—3,122	—3,786	—3,985
η_m mm/t . . .	0	—0,003	0,056	0,394	0,731	1,019
η_m aus der Berechnung . .	0	0,009	0,090	0,368	0,780	1,039

[1] Mittelwert aus zwei Messungen.

nach Gl. (238)

$$\left.\begin{array}{l} H(p) = 11280\,\text{t} \\ H_t = -303\,\text{t} \end{array}\right\} H_p = 10977\,\text{t}$$

$$\left.\begin{array}{l} \eta_p = 3673\,\text{mm} \\ \eta_t = \mu \cdot H_t = 724\,\text{mm} \end{array}\right| \eta = 4397\,\text{mm}.$$

Durch geradlinige Interpolation der Auswertungsergebnisse für H_I und H_{II} erhielten wir die Durchbiegung in der Mitte der Mittelöffnung zu $\eta_m = 4352$ mm. Aus der Berechnung nach der üblichen Theorie II. Ordnung ergab sie sich zu 4386 mm. Die Abweichung beträgt 0,8%.

c) Die beschränkten Einflußlinien für das Biegemoment M_v im Viertelspunkt ($x = 0{,}75\,l$) der Mittelöffnung (Abb. 30).

Die Ermittlung der ersten Teileinflußlinie für M_v zeigt Abb. 23. Es wurden die Formänderungen $\varphi_0 \sim 8^0$ und $\varphi_0 + \varphi \sim 22^0$ im Viertelspunkt eingestellt und die Biegelinie infolge φ gemessen. Dies ist gleich der $\frac{1}{\varphi}$-fachen ersten Teileinflußlinie. Dann wurde durch Auswertung dieser Linie mit der Vollast y'' t/m der Multiplikator μ ermittelt, und die zweite Teileinflußlinie ist gleich der μ-fachen H_p-Linie. Tafel 4 enthält den Auszug der Zahlenwerte für die Mittelöffnung. Auf diese Weise wurden zwei beschränkte Einflußlinien von M_v ermittelt und mit der Belastung p = 15 t/m unter der gleichzeitigen Wirkung von t = + 25° C ausgewertet. Es ergab sich M_v = 59630 tm. Aus der Berechnung nach der üblichen Theorie II. Ordnung erhielten wir $M_v = 58900$ tm. Die Abweichung zwischen den beiden Werten beträgt 1,2%.

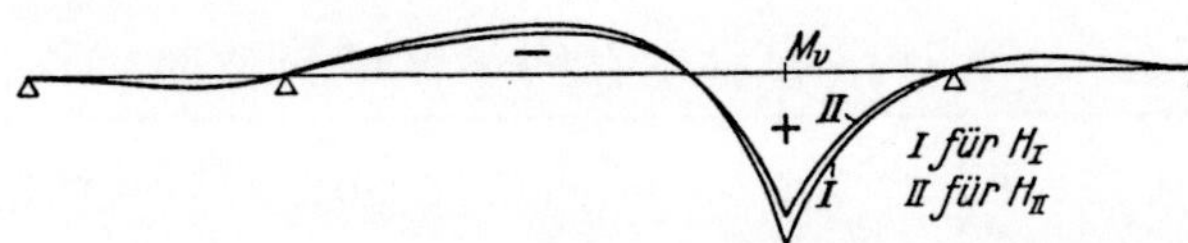

Abb. 30. Beschränkte Einflußlinien für das Biegemoment M_v.

Tafel 4. Beschränkte Einflußlinie für M_v bei $x = 0{,}75\,l$ ($H_I = H_g = 21013$ t).

$x : l$	0,2	0,4	0,6	0,75	0,9
η[1] m	−1,23	− 0,50	11,50	44,45	9,85
μH_p m	−6,38	−11,33	−11,33	−8,00	−2,85
M_v m	−7,61	−11,83	0,17	36,45	7,00
M_v aus der Berechnung . .	−7,20	−11,05	0,39	36,68	6,30

d) Die beschränkten Einflußlinien für die Querkraft in der Mittelöffnung bei $x = 0{,}75\,l$.

Abb. 31 zeigt die beschränkten Einflußlinien für die Querkraft in der Mittelöffnung bei $x = 0{,}75\,l$. Bei der Herstellung der ersten Teileinflußlinie für Q_v wurde an der Schnittstelle $x = 0{,}75\,l$ des Modellträgers eine gegenseitige Verschiebung von 30 mm zwischen dem linken und rechten Querschnitt angebracht, ohne diese gegenseitig zu drehen. Die Auswertung dieser Einflußlinien liefert den Grenzwert $Q_v = -645$ t.

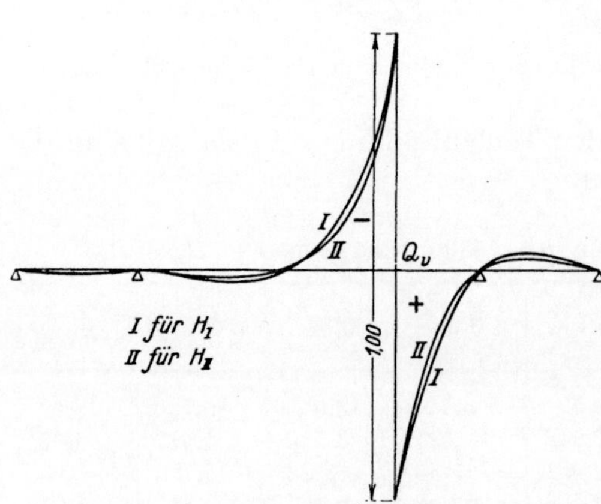

Abb. 31. Beschränkte Einflußlinien für die Querkraft Q_v.

e) Die beschränkten Einflußlinien für die Hängerzugkraft in der Mittelöffnung bei $x = 0{,}25\,l$.

Abb. 32 stellt die nach Gl. (237 a) berechneten ϱ-fachen beschränkten Einflußlinien für die als stetig verteilt angesehene Hängerzugkraft z_v t/m im Viertelspunkt der Mittelöffnung dar. Aus der Abb. erkennt man, daß für max $\cdot\, z_v$ die Vollast maßgebend ist, die gerade auch max $H = H_{II}$ liefert. Die Auswertung der beschränkten Einflußlinie II

[1] $\eta(\varphi = 1) = \frac{n}{\varphi}\,\eta_1(\varphi)$ aus zwei Messungen.

ergibt also unmittelbar max z_v. Die positive Fläche der Linie II beträgt 843 m². Hieraus ergibt sich für die Vollast $p = 15$ t/m $z_p = 15{,}643$ t/m. Die Hängerzugkraft infolge der Temperaturänderung z_t berechnet sich nach Gl. (237 b). Darin ist $M_{vt} = \mu_{Mv}\, H_t$ und bei $H_{\max}$ hat man $\mu_{Mv} \sim -6$ und $H_t = 387$ t. Somit ergibt sich

$$z_t = \frac{387}{808{,}3}\left(1 - \frac{6 \cdot 808{,}3 \cdot 32350}{21 \cdot 11 \cdot 10^6}\right)$$
$$= 0{,}154 \text{ t/m}\,.$$

Der Grenzwert von z_v infolge p und t beträgt also $z_v = 15{,}643 + 0{,}154 \sim 15{,}80$ t/m. Mit dem Hängerabstand $e = 10$ m ergibt sich die Zugkraft im Hänger $Z = 158$ t.

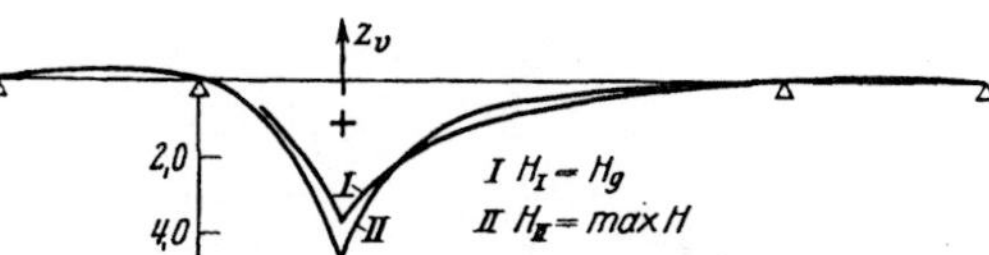

Abb. 32. ϱ-fache beschränkte Einflußlinien für die Hängerzugkraft z_v t/m.

Zusammenfassung des zweiten Teiles.

Im zweiten Teil der vorliegenden Arbeit haben wir im I. Abschnitt die verschiedenen Modellregeln abgeleitet und erörtert. Daran anschließend wurden die bisherigen Hängebrückenmodelle besprochen und die Versuchsergebnisse an solchen Modellen mitgeteilt. Zum Schluß zeigten wir das vereinfachte Hängebrückenmodell, seine Anwendung und Anpassungsfähigkeit. Der Vergleich zwischen den Rechnungswerten aus der Theorie II. Ordnung und den Ergebnissen des Versuches an dem vereinfachten und deshalb leicht sowie schnell herstellbaren Modell bestätigt dessen Zuverlässigkeit und Leistungsfähigkeit. Dabei ist zu beachten, daß diese Modellversuche absichtlich ohne besonders große Sorgfalt durchgeführt wurden, damit die Anwendbarkeit dieses Modelles praktischen Wert gewinnt, d. h. mit einfachen Mitteln und erträglichem Zeitaufwand möglich ist.

(Eingegangen am 10. Dezember 1941.)

Zuschrift zum 3. Forschungsheft aus dem Gebiet des Stahlbaues.

Zur Berechnung stählerner Brücken mit gekrümmten, auf konzentrischen Kreisen liegenden Hauptträgern.

Von Prof. Dr. J. Wanke, Prag.

In der dankenswerten Zusammenstellung der strengen und genäherten Berechnungsmöglichkeiten für konzentrisch gekrümmte Brücken ist im Teil A II 1 leicht die Möglichkeit gegeben, daß Vorzeichenfehler bei der Berechnung von Einflußlinien entstehen. Die Formel 28 gibt die Gleichung für Momente am äußeren und inneren Hauptträger infolge einer Last 1 im Punkt i des äußeren Hauptträgers. Sie ist jedoch nicht etwa die Einflußlinie für das Moment im Punkt i des äußeren Hauptträgers, sondern beschreibt die Einflußlinienäste auf dem äußeren Hauptträger für Momente im Punkt i einmal des äußeren Hauptträgers und einmal des inneren Hauptträgers. Der Unterschied liegt nur im Vorzeichen. Das gleiche gilt für die übrigen Formeln des Teiles A II 1. Die zusammengeklammerten Teile sind stets die Äste auf einem Hauptträger von zwei verschiedenen Einflußlinien radial gegenüberliegender Punkte; sie sind jedoch nicht eine vollständige Einflußlinie.

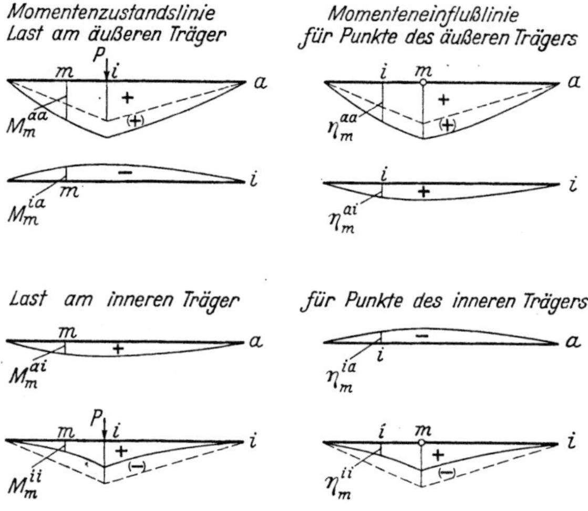

die Linien sind über den abgewickelten Trägern gezeichnet

Mir erscheint auch im Hinblick auf die 2-, 3- und 4-begriffigen vorkommenden Zeiger, deren Stellungswert nur schwer erkennbar ist, und ebenso mit Rücksicht auf die gewählte doppelte Bedeutung von a und i eine kurze Klarstellung von Seiten des Verfassers erwünscht. Dr. Thran.

Erwiderung.

Wie aus Gl. (6) hervorgeht, äußert sich der Einfluß der Hauptträgerkrümmung stets darin, daß der innere Träger entlastet, der äußere zusätzlich belastet wird. Bei Beachtung dieses Umstandes kann nach meiner Ansicht ein Vorzeichenfehler bei den Einflußwerten nicht gemacht werden. Um aber jeder Möglichkeit einer Fehldeutung der Ausdrücke M_m^{ia} in (28) und M_m^{ai} in (29) — nur bei diesen könnte eine Vorzeichenverwechslung eintreten — vorzubeugen, trage ich gern den in bester Absicht vorgebrachten Bedenken des Herrn Dr. Thran Rechnung, indem ich den Textteil nach (28) ergänze:

In den Ausdrücken (28), deren Bedeutung als Momente sowohl aus dem vorhergehenden Text als auch aus der vorstehenden Zuschrift klar ist, sind i' und m vertauschbar, M_m^{aa} bzw. M_m^{ia} kann somit auch gedeutet werden, für Punkte $m \leq i$, als linker Ast der Einflußlinie über dem äußern Träger für das Moment im Punkte i des äußern bzw. innern Trägers. Demnach bezeichnet bei den Einflußwerten (28) und (29) ff. der 1. obere Zeiger den Träger, auf dem der Momentenbezugspunkt i liegt, der 2. den Träger, über dem in den Punkten m die Einflußwerte aufzutragen sind. Wanke.